U0142645

電腦誕生的奇幻旅程

電腦如何用0和1說話

川添愛 —————— 著
威廣 —————— 譯

五南圖書出版公司 印行

前言

　　我們現今使用成習的電腦是如何從人類歷史中誕生的呢？而它是靠什麼機制來運作的？本書是以「接觸過電腦卻完全不明白箇中奧妙」之方向進行解說。導覽本書的角色有兩位：一位是來到人類世界學習如何製作電腦的妖精，另一位是詳知電腦的熱心青年。順著他們的對話內容，便可了解到現代電腦的三個基本：其一，電腦是「數位機器」，處理以數字所表達的資訊。其二，電腦是「電子機器」，靠著操控電子來執行運算。其三，透過程式，電腦能夠執行各種運算。即使在技術成熟的今天，談到電腦及程式的運行機制，其本質並未有任何改變。回顧電腦誕生的過去，讓各位來思考人類的今日與明天，這個啟蒙若能給予各位任何助益，敝人實屬欣慰。

序章

要怎麼樣才能做出電腦啊？
——哇！你是哪位？

抱歉突然打擾到你，我叫做妖精。

——是喔？你看起來像畫冊裡出現的小鬼頭呢，還有你戴著的那頂三角帽，長相又有點像倉鼠……

我叫妖精！我背上有翅膀啊！

——噢！還真的呢，你找我有何貴幹？

我是想問你怎麼樣才能樣做出電腦，教教我吧。

——做電腦？你是想製造一台電腦出來吧？

　是啊，在我們世界裡每個人工作量都很重，都累到不像話了。最近連東西都不夠吃，因而引發許多爭執，另外連疾病都在蔓延，這點真的很令人頭痛。所以我和長老們談過了，又向守護神祈禱過，祂告訴我們：「人類有電腦這種東西，你們只要有它就行了。」

之後我來到人類的世界，才了解到電腦十分地好用。要是有了它，我們的生活就會稍微輕鬆一些，不過人類世界的電腦，在妖精的世界是動不了的。

——是喔？那還真可惜呢。

所以我們又去問了守護神，祂給我們的答案是：「有個人懂得電腦的歷史，我給你名字，你們去找他吧，問什麼都可以。」我就是這樣才來到這裡的。你就是很懂電腦的那個人吧？拜託你告訴我吧！

——呃……我大致是懂，不過你突然這一問，這倒有些難度了，該從哪裡開始教起呢？

我最想知道的是，為何在妖精的世界裡沒出現電腦呢？我們的世界和人類世界是很類似的，為何會這麼說？因為妖精世界是以過去人類世界做為藍本來創造的。我們祖先很久以前就到過「古埃及」這個地方，幫人類建造了「金字塔」，還順便學了許許多多的東西，而這些對於創建我們的王國有很大的幫助。但接下來過了好久，電腦都沒有在我們的世界裡出現，這是為什麼？明明人類世界都已經有了。

——問這個我也回答不出來，是因為沒有電嗎？還是？

人類世界有的東西，我們差不多也都有，像是水電啦，還是金屬之類的，不過用起來不像人類那麼順手，這點我也不明白。你來看看這幅畫，我們的世界是長這個樣子的：

——我看看喔……啊！這不是照片而是張圖畫呢！嗯嗯……遠處有城堡有森林，有村子和小河，還有水車和風車，大夥都在田裡工作。我怎麼覺得這像個童話裡的世界啊？這樣要弄出電腦恐怕很難吧！

不用擔心，只要我大概弄懂人類世界中的電腦是怎麼做出來的，在我們的世界一樣做得到。把妖精世界所缺少的東西帶回去，再把時間一口氣調快，這樣在技術方面也會突飛猛進的。

——調快時間？你想像力也太豐富了吧？

只要去祈求時間之神就辦得到了，但就現在的狀況，就算調快時間也不會出現什麼改變，這點我是明白的，因此得要弄清楚還缺了哪些東西。

要是一切都清楚了，在這個基礎下將時間調快🌱年，或是🌱🌱年的話，電腦一定會出現在我們的世界的。

——等等！你說什麼？我剛才聽你講的是「○年或是○○年」沒錯吧？

我說的是  年還有 年，這種講法很奇怪嗎？

—— 那是什麼意思？

你不懂喔？用你們人類現在的話來講，「 年」

是1000年，「 」年是2000年。

—— 這該不會是……古埃及數字吧？

是啊是啊！

—— 原來如此，這下我知道原因了，是因為你們世界的「數字」是不成熟的，電腦無法在你們的世界裡出現，「數字」是其中一個原因。

「數字」不就只是拿來表示「數」嗎？那和電腦有什麼關係？

—— 關係可大了啊！我就先從這部分開始解說吧！

角色

妖精

接到神諭來到人類世界學習電腦製作的妖精，喜歡吃的東西是蘋果。

青年

受到小時候卡通的影響而選擇電腦方面來發展的學生，假日常以閱讀來打發時間。

目次

第 1 部

以數字來表達資訊

第 **1** 章 數字的歷史

「數」和「數字」的不同

話說回來，你有去查過電腦是誰做出來的嗎？

> 多多少少查過了，我進到了一家叫做「網咖」的地方，嘗試使用「網際網路」來查詢，但卻跳出一大堆名字，實在搞不太明白。

在美國都有人為了「誰是電腦發明人」這種問題在法庭上針鋒相對了，所以「是誰製造了電腦」還真是難以回答，光這樣就要出好幾本書來討論了。

> 真的喔？

事情就是這樣，就算用一句話問說是誰「發明」的，但要獨自一人從零開始做個全新的東西出來，這幾乎是不可能的。所謂的「發明」，多數是以當時生產過的物品或擁有的技術加以融合而成。換言之，縱使我們把這項偉

追加重點！
「電腦發明人是誰？」要回答這個問題，諾依曼（John von Neumann）是一個經常被提及的名字，本書在第三部會詳細說明其理由。

大發明歸功於某個人，也不全然是他本身的功勞，而是歷史上眾人的「點子」、「努力」以及「技術」所積累出來的結晶。

　　人類的點子和努力都和電腦發明息息相關，我就從有關「數字」的發明開始講起吧，雖然內容有些老套。

> 你剛才提到了「數字」，不過它為何如此重要呢？

　　電腦是一台處理「以數字所表達的資訊」的機器。要是沒有數字這玩意兒，就沒有今天的電腦了。所以第一個話題就是：你知道「數字」是什麼嗎？

> 當然知道啦！人類世界的數字我也懂，比方像1、2、3或是5等等的。

　　好，那麼「數」又是什麼？

> 「數」也一樣啊，1或是2之類的不是嗎……咦咦？那麼「數」不就和「數字」沒兩樣了嘛？奇怪？感覺「數」和「數字」會是不一樣的。

　　當然了，「數」和「數字」是有差別的，「數字」指的是1、2、3之類的符號，而「數」是1、2、3數字所代表的東西，它是一種抽象的概念。

呃……你指的「抽象」是說看不到、聽不到也摸不著的意思吧？但是1或是2我都看得到啊，以前去蛋糕店，店裡頭有數字形狀的蠟燭，那個做得很可愛，而且我還能摸到它。

所以說那個不是「數」，而是表示「數」的數字，數字是可見的，但是「數」卻無法看到它。例如在數的表達上，我們會用到「3」這個符號，此外也會用到「三」這種表示「數」的國字，要是用羅馬數字就是「Ⅲ」的符號，彼此完全不同的符號，表示的卻是同一個「數」。

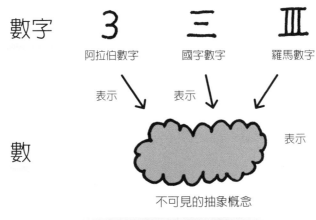

數與數字之間的關係

也就是說「符號本身」和「符號所代表的東西」是有區別的。

你說的沒錯，數字是用來表示「數」的，而「數」是要用數字來表示的。

原來如此，但「數」既是抽象的，而且又看不見它，這點我還是無法認同。因為對於不懂「5」這個「數」的人，我可以擺上五顆石頭給他看，告訴他「這個數就叫做5」。

　　這個嘛，但是你把五顆石頭放在一起，這個範例不過是表示「有五個這樣的東西」，而不是「5」這個「數」。為什麼呢？因為不管是放五個蛋糕，擺五本書，還是說電視上某某英雄戰隊五人組，這些例子所代表的都是「5」這個「數」，我可以這麼講吧？

的確，我同意。

　　也就是說，所謂的「數」並非將石頭或蛋糕擺放在一起，或是聚集的人群什麼的，而應該說它們共同具備的某種「性質」，但對於「數是什麼」？現在我所講的不是一個正確答案。關於這個問題，人類大學數學課裡就會學到，我們這裡就不再討論它了。

大學才開始學喔？「數是什麼」這問題還真夠難的呢。

此處是重點

　　「數字」能看得到，但「數」是不可見的，為了把看不到的「數」透過書寫表達出來，才會有所謂的「數字」。

「數」是怎麼誕生的？

不過怎麼會有「數」這種東西啊？

為何有「數」的誕生呢？關於這點，有人做了以下描述：

人的眼睛無法一次掌握超過五個以上的物品。幼童對於「數」的觀念只有「1」、「2」還有「很多」，聽到這點就笑出來的人，就連他們自己也無法一眼分辨5個和6個東西差在哪裡，可能因為人眼有這種弱點，才會有「數」的發明。

Denis Guedj 著、藤原正彥審譯《數的歷史》(《知識的再發現》合籍74）創元社，pp.18-19

換個方式講，有些事物不是人類光靠自己的感覺就能掌握的，為了處理這種事情，我認為「數」就有其必要性。在「數」出現以前，人們是靠自己的感覺來得知東西的數量或大小，但就理解、傳達方面卻無法超越「自我感覺」的範疇。

但就算不用「數」，我還是可以口述東西數量的多寡啊，例如像「多」和「少」，或是「非常多」和「少了一點」還是「多出一些」，這都是可以辦到的。在我們的世界裡，這種講法要比講數字來得頻繁啊。

是這樣喔？不過「多」或是「少」是主觀上的感覺，以什麼標準來定義「多」是因人而異的，況且它又會因字句的組成而有所改變。比方說有兩個人在吃飯，儘管飯量相同，亦會出現「以孩童來

說他吃得很多」或是「以運動員來說他胃口不大」這樣的描述對吧？我們為避免受個人主觀影響而產生迷惑，而改採客觀的方式來衡量東西的數量或大小，因此「數」的使用仍然是有必要的，你說呢？

　　唔⋯⋯或許是吧，在我們世界經常也會因為「這個是多還是少？」的不同意見而大打出手呢！

　　就人類的情況，我認為因為人類能夠使用「數」，便可獲得超出自我感覺的知識與資訊，對於過去的人們來說，這簡直是擁有了「神之視點」。事實上，從人類史也可以觀察到「數的控制」意味著手中握有巨大的力量。

　　因為「數」所表達出的資訊不光是過去和現在的事物，藉由「數」的計算，我們還可以預測未來以及假設性的事物。而對於無法計算「數」的人們來說，辦得到的人看上去彷彿是一群魔法師吧。

此處是重點

因為能夠使用「數」，人類可以掌握比自我感覺還要多的事物。

「數」在表達上的難題

　　「數」的表達要讓自己容易看懂，也要讓別人一目了然，在這樣利害共生的社會中尤其重要。不過「數」要用什麼方式來表達呢？對過去的人們來說，這恐怕不是個簡單的問題。

 是喔？

　　根據考證，原本人們會在狩獵結束後記錄下所捕獲的獵物數量，他們會在骨頭或木片上割劃出裂痕。據說有人發現到西元前30000年，留在骨頭和木頭上用於記錄數量的刻痕。

 我們世界也一樣啊，不懂「古埃及數字」的妖精們也用同樣的方式來做記錄，也就是一件東西刻一道痕來表示。但要是數量一多，就沒辦法一眼看出有多少個了。不過我來到人類的世界之後，就找到一種不錯的方法了來記錄數量了。

是用什麼方法啊？

 就是用「正」這個國字，這方法一眼看過去就知道有多少個，我也覺得非常好用。

　　喔！你發現重點了，利用「正」字來做記錄或是用來表示「數」，漢字圈多少還有人這麼做，可以把它想成是「5」這個「數」集中成為一個單位。這種「數」的集合表示法，西元前8000年的美索不達米亞地區

（Mesopotamia），居住在當地的蘇美人（Sumerian）似乎已經在使用了。他們以好幾種石頭來對應不同的數量，分別是1、10、60、600、3600還有36000。

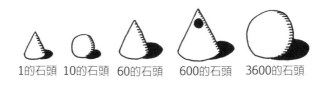

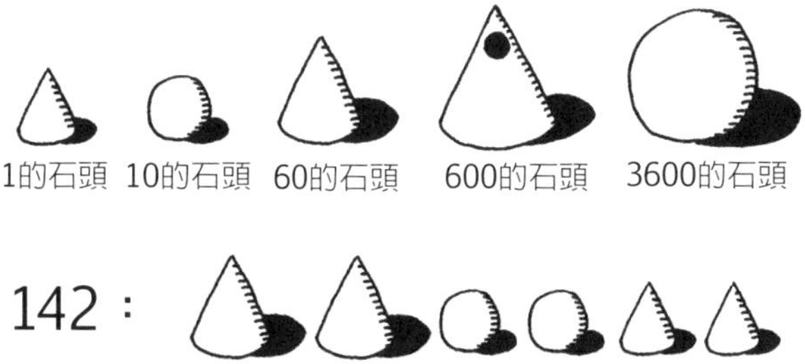

1的石頭　10的石頭　60的石頭　600的石頭　3600的石頭

142：

以石頭來表達「數」

Denis Guedj 著，藤原正彥譯《數的歷史》（創元社）p.033

是這樣喔？但是把60之類的「數」集合在一起感覺很奇怪耶，看來很複雜啊！

有一種說法是因為60的「因數」很多，應該是出於喜好而採用60的吧。

「因數」是什麼啊？

能夠整除任一整數的數，都是這個整數的「因數」。你回答看看，能夠整除60的數有哪些？

此處是重點

為了容易分辨數量，將「數」集合起來的表達方式，自古以來就沿用至今了。

（右側直排）第 1 部　數字的歷史

這個嘛⋯⋯計算方面我不是很行啊，等一下喔⋯⋯2對吧？那3也是吧？4⋯⋯ 5⋯⋯ 6⋯⋯ 10、12、15、20和30，還蠻多的嘛。

只要某個數的因數夠多，人們就容易掌握這個數的細節，「以60為集合」的想法，蘇美之後的巴比倫地區也有採用，後面的章節你就會見到它們了。這種數字在表達上使用以60為一個集合的「六十進制」，而現今我們使用的「十進制」數字則是以10為一個集合。

過去似乎還有人以5或20做為進位的基準，至於採用五進制、十進制或二十進制的理由，八成和人類手指和腳趾數目有關吧。

二十進制⋯⋯我不太明白耶。

「20」可以想成是手指和腳趾的合計數目，或許因為過去很多人平時生活是不穿鞋的，如此一來「20」這個「數」便輕易融入生活當中。而二十進制過去在歐洲應該也有使用過，現代的法文當中，80是會唸成quatre-vingt（4個20），90會唸做quatre-vingt dix（4個20加上1個10），這應該是20進制所留下的痕跡。另外，位於澳洲、紐幾內亞之間的托雷斯海峽，該區域的海島上似乎還曾以二進制為基礎來計算數量。

二進制？有那種東西喔？

追加重點

對於人類過去數字有興趣之讀者，可參考以下書目：Denis Guedj，《數的歷史》，創元社。內山昭，《計算機的歷史故事》，岩波新書。吉田洋一，《零的發見——數學的進展》，岩波新書。Michael R Williams, *History of Computing Technology*（IEEE Computer Society Press）。

當然有了，當地所使用的二進制有兩種單位，代表1的「Urapun」和代表2的「Okoza」。1是一個Urapun，2是一個Okoza，3就是Urapun和Okoza各一，也就是「2的集合」再加上1，而4就有兩個Okoza，不過好像5以上就會混在一起，直接用「很多」來表示。

 怎麼二進制那麼難用啊？

但二進制可是非常重要的，為什麼呢？因為今天電腦內部所使用的就是二進制。

 是喔！？

之後會再回來討論二進制的話題，總之我先在此透過「數」的集合，說明人類曾經下足工夫使得數字易於識別，你理解到這個部分就行了。

各式各樣的數字

接著來看看有關「數字」的部分。世上最古老的數字，據信是由蘇美人撰寫的烏魯克（Uruk）古文書，其中所出現的半月形數字，時間約在西元前3100年左右，之後人類史上便出現了各式各樣的數字。

| 1 | 10 | 100 | 1000 | 10000 | 100000 | 1000000 |

古埃及數字

是啊，對我來說這數字很容易理解。

　　縱向直線是1，反轉的U字形是10，這大概是源自於馬蹄。捲一圈的繩子是100，睡蓮花是1000，手指是10000，蝌蚪要變成青蛙的圖案是100000，很有可能是尼羅河中有許多蝌蚪，才拿它當做大數量的符號。而1000000所用的應該是荷夫神。

原來是神喔？我們還以為是有個人擺出一付「數量太多了，放棄！」的樣子呢！

　　採用古埃及數字來表示「23206」這個「數」，大概會像這個樣子：

　　古埃及數字裡有1、10、100、1000 ⋯⋯等等單位符號，在表達時只會列出有用到的部分，也就是把符號所代表的數全部加總起來，這就是所要表達的數，但在使用上仍不是那麼平易近人。

是喔？

　　是，首先是數的大小不容易比較。在我們今天用的阿拉伯數字之下，位數不同的數彼此相互比較的時候，位數多的就代表數比較大。像是「10000」和「9999」，前者較後者位數來得長，也就是說「數的大小」與「位數長短」有明顯的對應。

　　不過要是將古埃及數字的10000和9999拿來比較，就會像下圖這樣，明明10000就比較大，但代表9999的數字卻有較長的位數：

 的確如此，但我覺得這不是什麼問題吧？

　　習慣的話應該是無所謂，但還有一個更嚴重的問題：古埃及數字的一億或是一兆該如何表示呢？

 這個嘛……就我所知，代表100萬的「放棄之人」是最大單位，比它還要大的數，我覺得就沒有符號能表示了，至少這部分我不了解。

　　古埃及數字裡的1000萬，應該是用「太陽神」符號來表示，但再大的數就不知道用什麼了。雖然我們可以假設曾經有人想到過，並且使用過新的符

號，不過就算如此，考慮到後面有還有10億或是100億……之類愈來愈大的數，這樣不管有多少大單位的符號都是不夠用的。

噢，原來是這樣，數有無限多個，但只要不持續發明出新的符號，遲早有一天會出現「無法表示的數」。

事實上就連我們常用的「國字數字」也有相同的問題。「數」採用國字來書寫，就會用到一、十、百、千、萬、十萬、百萬、千萬、億、十億、百億、千億、兆、十兆、一百兆、一千兆……這些國字的單位。你知道比一千兆還大的單位該如何表示嗎？

呃……我是聽過「京」這樣的字。

是的，我們會使用「京」這個新的字，再來是「垓」，接下來中間會經過11組字，最後一個叫「無量大數」，可表示的位數多達90位，不過這也是最高的位數了。雖然後面還有更大的數，卻無法以國字來表示：

一·十·百·千·万·億·兆·京·垓·秏（秭）·
穰·溝·澗·正·載·極·恒河沙·阿僧祇·
那由他·不可思議·無量大數

國字的數字（從一到無量大數）

此處是重點
採用古埃及數字來表達「數」，這種方式會遇到以下問題：其一，不易比較數的大小。其二，必須發明新的符號以滿足大數的表達。

是喔？真是有夠難的。

而我們現在所用的阿拉伯數字，則可以完美解決這樣的問題。

用1、2、3之類的數字來表示，這是阿拉伯數字的方法吧？

是的，阿拉伯數字的重點在於「相同的數字，其意義會因書寫位置而有所不同」。也就是說，阿拉伯數字採用「10的次方」為基礎來產生「進位」。

抱歉喔，你說的「10的幾次方」，或是說10^0、10^1、10^2等等的，我聽不懂啊！

是喔？所謂的「10的幾次方」，簡單說就是「10自乘幾次」的意思。寫成「10^2」就是「10自乘兩次」，也就是10×10，等於100。「10^3」就是「10自乘三次」，$10 \times 10 \times 10$就是1000。那麼你知道「10^1」、「10^0」分別是多少嗎？

呃呃……「10^1」就是「10自乘一次」嘛，只有一個數要怎麼乘啊？這樣我不會。那「10^0」是「10自乘零次」？完全不懂！

這個嘛，「10^1」最後一樣是10，而「10^0」得出來是1，這是一個固定的值，不僅如此，像是「2^0」或是「60^0」，所有數的零次方同樣都是1，其原因比較複雜，我們這裡就不再說明了。

那我們就用阿拉伯數字來寫寫看「2152」會是怎麼樣的情況。從右邊開始第一個數字代表有幾個「10^0」，第二個代表有幾個「10^1」，同樣的，第三個代表有幾個「10^2」，而第四個就是「10^3」的數量了。

千	百	十位	個位
2	**1**	**5**	**2**
10的3次方	10的2次方	10的1次方	10的0次方

以阿拉伯數字來表達

這串數字中有兩個2，最左側的2是「10^3」代表了1000，一共有2個，最右側的2是「10^0」代表了1，也是有2個。

我們國小數學課會學到諸如「個位」「十位」「百位」等位數，要是改用10^0、10^1以及10^2來說明，就容易了解阿拉伯數字是採用10的次方為一個單位。

以上舉阿拉伯數字為例子，這種「數」的表達方式就稱為「進位記數法」。

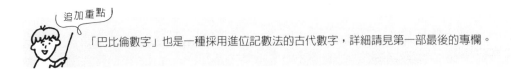

追加重點

「巴比倫數字」也是一種採用進位記數法的古代數字，詳細請見第一部最後的專欄。

「進位記數法」？怎麼搞得那麼麻煩啊？我們的古埃及數字不是比較簡單嗎？

　　不過古埃及數字與國字數字會遇到的問題，剛才你也都見到了。而這些在阿拉伯數字之下卻完美地解決了。

　　首先的問題就是「大數該如何表示」。像阿拉伯數字在使用上採用了「進位記數法」，表達的時候只需往左邊多加一位數，這樣無論是多大的數都能夠應付得來。當然，在紙張之類的地方，我們書寫數字的空間是有限的，實際上還是有寫不出來的數，不過至少每逢位數增加的時候，我們不必再準備像是「京」、「垓」之類的新符號了。

嗯嗯，沒錯啊！我們的古埃及數字就只能表示到100萬為止，但阿拉伯數字卻能輕輕鬆鬆表示出更大的數。

　　再來，你們用的是古埃及數字，計算的時候不是挺麻煩的嗎？

這個嘛，計算方面真的蠻難的，所以只有腦筋好的人才有辦法，妖精世界裡懂得大數加減法的就只有十幾個，而精通乘除法的也僅有一兩個。我在妖精世界排名頂尖的大學鑽研了好久，所以懂得乘除計算，但不是很在行。

　　你們就算從妖精大學畢業出來，能做到的也就如此了。其實紙筆計算在阿拉伯數字之下是行得通的，人類世界的國小會教到這個，透過紙筆，就連

小學生也會計算大數的加減乘除。

國小就在學了喔？厲害厲害！

這也要拜阿拉伯數字之賜，在計算上，我們將兩組數字上下並列，此時個、十、百等位數都要對齊，這在紙筆計算方面是重要的一點。

補充說明一點，古希臘的幾何學是很進步的，不過另一方面他們的代數學不是很發達。為什麼呢？因為他們的數字系統在表達方面令人難以理解所致，好像有人提出過這種說法吧。

是喔？看似不起眼的數字，卻也不能小看它呢！

第**2**章 二進制數字和電腦

電腦裡是二進制的世界！

話說你一直都繞著數字在打轉，什麼時候才會跟我講到有關電腦方面的事情啊？

我覺得從頭到尾講的都和電腦有關啊！

是這樣喔？

為什麼呢？你到目前為止所見到的「二進制」以及「進位記數法」，就是因為這些東西，才會有今天的電腦。

你說的二進制是？

二進制是一種「數」的表達方式，以2的集合為基準。我們用阿拉伯數字和進位記數法寫出二進制的0到19，就會像下面這樣：

此處是重點

二進制是一種數的表達方式，以2的集合為基準。

0 :	0	10 :	1010
1 :	1	11 :	1011
2 :	10	12 :	1100
3 :	11	13 :	1101
4 :	100	14 :	1110
5 :	101	15 :	1111
6 :	110	16 :	10000
7 :	111	17 :	10001
8 :	1000	18 :	10010
9 :	1001	19 :	10011

二進制數字

（咚！！）

你是怎麼了？

這什麼鬼啊？完全看不懂！
「1」接下來怎麼突然變成「10」？下一個不是「2」嗎？

　　「數」在二進制之下只會使用「0」、「1」來表示，其他2到9的數字是用不到的。由於只有這兩種數字，要是想表示大於1的數，只能直接跳到「10」，而10的後面是「11」，這是兩位數二進制可以表示的最大數。因為如此，若還有更大的數，就只能「進位」到第三位，這一來我們又會看到11直接跳至「100」。

好奇怪的數字喔……

　　不過呢，它也和我們平時所用的十進制阿拉伯數字一樣，完全遵照「進位

記數法」的方式來書寫的。

　　首先最右邊第一個數字是「2^0」，代表有幾個1，接下來第二個是「2^1」，代表有幾個2，而第三個是「2^2」，也就是有幾個4，那第四個便是「2^3」，代表有幾個8。照這樣把數字寫下來，每一位數分別代表了2的某某次方和它的數量，你看是不是和阿拉伯數字一樣呢？

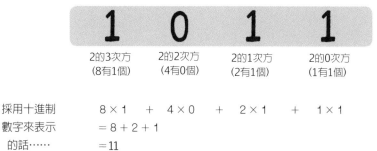

代表8的位數	代表4的位數	代表2的位數	代表1的位數
1	**0**	**1**	**1**
2的3次方 （8有1個）	2的2次方 （4有0個）	2的1次方 （2有1個）	2的0次方 （1有1個）

採用十進制
數字來表示
的話……

$8 \times 1 \quad + \quad 4 \times 0 \quad + \quad 2 \times 1 \quad + \quad 1 \times 1$
$= 8 + 2 + 1$
$= 11$

以二進制來表示「數」

唔……那麼二進制之下的「10」是十進制的多少呢？我從右邊開始想，有0個「1」又有1個「2」，最後結果就是2。那麼「101」又是多少呢？從右邊開始有1個「1」，0個「2」，因為2的二次方是4，所以是1個「4」，1加4得到的答案就是5了。原來是這樣，但這種數字也太惹人厭了吧？弄得眼睛好不舒服。

此處是重點

　　使用「二進制」並配合「進位記數法」的阿拉伯數字，只要用0和1就可以表示「數」。

這個嘛，看上去是有點難懂，但其實電腦內部所採用的就是二進制。

是喔？可是我有用過電腦上一個叫「計算機」的軟體，還蠻方便的，但我覺得它是以十進制來做計算的啊。

對，「計算機」這軟體確實如此，我們輸入想計算的數值，還要看到結果。使用時軟體會幫我們以十進制來顯示答案，但電腦內部有進行過二進制數字的轉換：

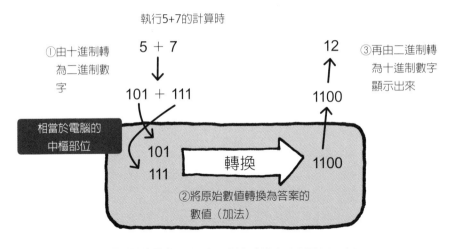

執行5+7的計算時

①由十進制轉為二進制數字

5 + 7

101 + 111

相當於電腦的中樞部位

101
111

轉換

②將原始數值轉換為答案的數值（加法）

12

③再由二進制轉為十進制數字顯示出來

1100

1100

電腦中樞只會處理及操縱二進制數字

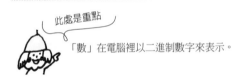

此處是重點

「數」在電腦裡以二進制數字來表示。

但為何要這樣做？非得大費周章從十進制轉為二進制才行嗎？直接用十進制來算才比較輕鬆吧？

因為我們習慣了十進制才會這麼想，但二進制對電腦來說才是容易操作的。這和電腦是一台電子機器有關，站在電腦的角度，「二元狀態」不但容易識別，而且易於表達。

容易識別和表達？

是，首先電腦可以識別出「通電」及「斷電」兩種狀態，有電流就是「通電」，沒電流就是「斷電」，另外還有「高電壓」與「低電壓」這兩種。以上提到的「電的二元狀態」，很適合用來表示「0」、「1」這兩種數字。

？？？

你看，這是在電腦裡稱為IC（積體電路）的零件，它的功用是計算和儲存資料，對電腦來說是十分重要的零件。

此處是重點

電腦是電子機器，它容易辨識出「電流的有無」及「電壓的高低」的「二元狀態」，所對應的便是二進制數字的0（斷電或低電壓）以及1（通電或高電壓）。

第1部　數字的歷史

IC（積體電路）

教材支援：中川雅央（滋賀大學）
（資訊科學、系統工程教育用公用教材集）
http://www.biwako.shiga-u.ac.jp/sensei/mnaka/ut/sozai.html

我有看過這種長滿一堆尖腳的蟲子，就在你們的世界裡。

　　喔？你是說蜈蚣吧？這零件的尖腳可是十分重要的，每一隻腳可決定電壓的高低狀態。而高電壓會以二進制的「1」，低電壓則以「0」來表示，電壓是高或是低，其變化取決於電腦的狀態。我們假設高電壓是5伏特，低電壓是0伏特，那麼「10101101」這串二進制數字，就會以「5V、0V、5V、0V、5V、5V、0V、5V」這種形式的電子訊號，藉由每一隻尖腳傳達出去。

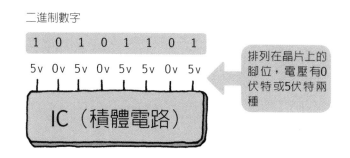

二進制數字

1	0	1	0	1	1	0	1
5v	0v	5v	0v	5v	5v	0v	5v

IC（積體電路）

排列在晶片上的腳位，電壓有0伏特或5伏特兩種

以電來表示二進制數字

喔，用電來表示二進制數字啊？我還以為電是用來驅動東西的呢。

　　的確，人類世界大多將電當成動能來使用，或是將它轉換為熱能或光能等等，也就是在運用上把電做為一種「能源」。我們身邊諸如空調、吸塵器、電子鍋、洗衣機之類的電器皆是如此。

　　比較起電腦內部的電，其用途是將「通電」、「斷電」兩種狀態表示成數字。也由於這樣，電腦裡的電所表達出來的便是「以數字所表達的數」和其他的電腦相關資訊。

所以電就從一種驅動東西的「能源」，變得可以用來「表達資訊」的東西了吧？

電力、磁力、光

和電腦相關的機器當中，有的也會藉由磁力或光線來記錄（儲存）資訊，其內部也採用二進制數字來表達資訊。

 磁力指的是吸鐵所產生的吸力吧？

沒錯，利用磁力來儲存資訊的設備，其中的材質是帶有磁性的，並且會依照下圖方式排列，圖中的S和N分別代表磁極的南極和北極：

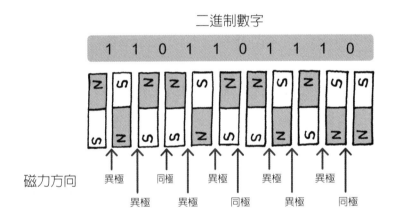

以磁力來表示二進制數字

追加重點！

帶有磁力的材質如上圖般以垂直方式排列，這方法稱為「垂直式磁力記錄法」，同樣是磁力，材質以水平方式排列，便稱為「水平式磁力記錄法」。

　　我們將磁力材質彼此之間的邊界，也就是兩極極性之變化（方向）對應為二進制數字，異極的部分是「1」，同極的部分是「0」，這樣就能夠把資訊記錄下來了。

原來如此。

　　另外還有一種是利用光線來儲存資訊的CD或DVD光碟，藉由光的照射強度及時間，分別在碟片表面刻出平滑及不平滑的區域。前者會讓光線照到碟面後容易反射，後者會使光線散掉。有了「光容易反射」和「光容易散掉」這種二元狀態，我們又多了一種方式可以表示二進制數字了。

只用0和1來表示資訊，可將它所代表的東西轉成其它各種資料，這點倒蠻方便的。

第**3**章　以數字為基礎的資訊表達

數字的使用是為了區分和辨別資訊

　　現今的電腦內部採用二進制數字來表達資訊，但其中不光是「數」那麼簡單，因為像文字、顏色和聲音等資料，還有「請電腦處理這件事」之類的指令，皆可表示為二進制數字。

　　電腦是為計算而生的機器，不過除了數的計算，它更可以用來製作文件、看圖片、或是用來享受音樂的樂趣，那是因為文字、顏色或是聲音等等全都是二進制數字所能表達的。

 文字和顏色？聲音？連這些都可以表示成數字嗎？從剛才看到現在，數字通常是拿來表示「數」的，但用它來表示「數」以外的東西，那不是很怪嗎？

　　不足的，我們平時以數字來表示「數」以外的東西，這種情況還蠻多的。

 有什麼例子嗎？

　　比方像是電話號碼之類的啊。

 呃？電話號碼所代表的不是「數」嗎？

　　這個嘛，平常以數字來表示「數」的時候，這數字會帶有「比較的涵義」在裡頭，例如「比……還要多」或「比……還要少」，要不然就是「比……來得晚」或是「比……來得早」。

　　再舉一個例子，我會說：「獲得了三片餅乾。」這個「三片」是代表有幾件東西的「數」。這種情況下，我又同時表達出「比起一片或兩片要來得多」或「比四片來得少」。另外的例子，要是我給了其他妖精三片餅乾，卻只給你一片，你八成會想說「好羨慕喔！」，要不然就是「好不公平喔！」，換句話說，此處的「三片」所表示的是「數」，其中還帶有「比較的涵義」，這樣你懂了嗎？

　　懂了，多少搞懂了。

　　同樣的，假設馬拉松比賽我跑出第123名，「第123名」說的是「名次」，也就是一個表示名次的「數」。而這個例子亦有「比較的涵義」在其中，同時還表現出「落後於第122名」或是「領先第124名」。

　　的確如此。要是同一場比賽我跑第120名，就會自誇說：「我名次比你還好喔！」

　　與剛才的數字比較起來，「我電話號碼是12345678」，這種情況並非指什麼東西有12345678個，在順序上也不是什麼第12345678名。換言之，拿它去比較其他數字也不會出現「多或少」、「先或後」之類的涵義。就算說

此處是重點

　　電腦裡不光只有「數」，還有文字、顏色和聲音等等，這些全都是以二進制數字表示的。

你電話號碼是12345677，和號碼是12345678的人比起來，恐怕心裡也沒有讓你去羨慕別人或是想炫耀的感覺吧？

是，但這串號碼不是也有「順序」的涵義在裡頭嗎？代表「我是第12345678個買到電話門號的人」。

我認為那是不存在的，就算一開始採用這種方式來編號，一旦有人曾經申請過解約，或是新客戶分配到沒人用的舊門號，在這種情況下，我想就不符合「第幾個開始用電話門號的人」的涵義了。而就算你的門號使用順序和電號號碼不一致，根本也不礙著你打電話吧？因為我們要求的只是通話的順暢。也就是說，「數」並非電話號碼所代表的東西。

那電話號碼是代表什麼啊？

電話號碼是表示某一支電話，它獨立於其他所有的電話，你電話上的號碼是用來和其他所有電話做出區別的。電信公司有必要分辨出每支電話，針對它們分別配予一組不同的數字，所以有人打了你的號碼，接通的會是你而不是其他人。

噢噢。

綜觀上述案例我們便能明白，僅為區別物件而使用到的數字，也就是具備「識別碼」功用的數字經常在我們生活中出現，就像電話號碼一樣。舉其他例子：住家地址在哪個郵遞區號，以及車牌號碼、商品編號等等，也都是相同的道理。

　　電腦裡也是一樣的情形，為了「區分資訊」而多採用二進制數字。也就是說，二進制數字的使用，目的是為了讓電腦區分及辨別出文字和顏色的種類。

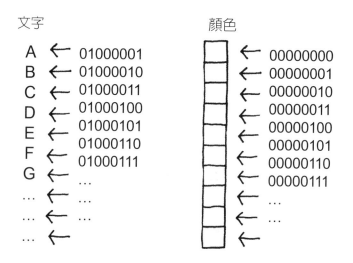

文字

A ← 01000001
B ← 01000010
C ← 01000011
D ← 01000100
E ← 01000101
F ← 01000110
G ← 01000111
… ← …
… ← …
… ←

顏色

← 00000000
← 00000001
← 00000010
← 00000011
← 00000100
← 00000101
← 00000110
← 00000111
← …
←

使用二進制數字將文字及顏色標上「識別碼」

　　前面已經說明過了，電腦是一台處理二進制數字的設備，只要依照上圖將文字及顏色轉換為二進制數字，這樣一來就能用電腦來處理了。

追加重點

電腦中樞所處理的「文字」及「顏色」本身是一種「識別碼」，是由電腦所配發的二進制數字所構成。要注意的是，就電腦而言雖然能夠處理它們，但在「理解」方面卻不見得和人類相同。

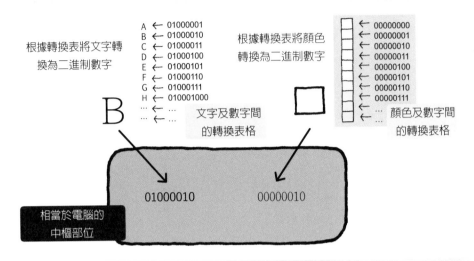

根據轉換表將文字轉換為二進制數字

根據轉換表將顏色轉換為二進制數字

A ← 01000001
B ← 01000010
C ← 01000011
D ← 01000100
E ← 01000101
F ← 01000110
G ← 01000111
H ← 010001000
… ← …

文字及數字間的轉換表格

← 00000000
← 00000001
← 00000010
← 00000011
← 00000100
← 00000101
← 00000110
← 00000111
… ← …

顏色及數字間的轉換表格

B

01000010   00000010

相當於電腦的中樞部位

不論文字或顏色，只要轉為二進制數字，就能以電腦中樞來處理

你講得也太拐彎抹角了吧？簡單說就是：「不同的東西，一定要給它貼上個不同的數字，這樣才不會搞混。」對吧？

僅以「0」和「1」能夠表示出多少資訊？

要是採用數字來區分或辨別更多的資訊，那就必須準備更多組數字以供使用，舉一個學校班級座號的例子，如果學生有31人，但座號只從1編到30號，這樣就無法給每個人不同的座號了。

的確如此，那就會有人沒有座號，或是和其他人的座號重複。

使用二進制數字的情況也是一樣，你能分辨出多少種文字（或顏色），那就要看有多少組數字可供使用，其數量並不是固定的。

二進制數字就只有「0」和「1」兩種啊？我覺得這樣就分辨不出太多種類了吧？

當然囉，要是只有單位數，數字種類又只有「0」和「1」，如此就只能分辨出兩種不同的類別。不過雖然是二進制，只要我們增加數字的位數，位數愈多，便可創造出更多組的數字。例如：兩位數的二進制數字，一共會有多少組數字呢？

這……10和11，所以是兩組囉？

以0為開頭的數字也算進去吧，也就是01及00，所以一共有四組。

啊？連0開頭的數字也要算進去喔？

那麼三位數的數字會有多少組？

呃呃……先是111和000？再來是100和001？所以一共有4組？

可惜答錯了，除了這些還有101、010、110以及011。

是喔？那一共有8組呢！

所以呢，四位數二進制數字就會產生16組數字：

1位數（2組）	2位數（4組）	3位數（8組）	4位數（16組）
0	00	000	0000
1	01	001	0001
	10	010	0010
	11	011	0011
		100	0100
		101	0101
		110	0110
		111	0111
			1000
			1001
			1010
			1011
			1100
			1101
			1110
			1111

二進制數字的「位數」可以產生幾組數字之對照表
（至四位數為止）

那像五位數或是位數更多的時候會有多少組數字呢？

關於這點，在n大於0且n為整數的情況下，我們會得到「2的n次方」組的「n位數二進制數字」。

唔……n嗎？真是抱歉，因為我在妖精大學只學到乘法和除法，不太懂那種人類數學課本裡才會出現的符號。

是喔？我懂你的感受，不過要把每組數字逐一講出來還挺麻煩的，所以我的說明就要用到n這個變數。

你幫幫忙別用那個什麼「變數」來說明好嗎？

那我就說囉……
單位數的二進制數字，一共有2的1次方個，也就是有2組數字。
雙位數的二進制數字，一共有2的2次方個，也就是有4組數字。
三位數的二進制數字，一共有2的3次方個，也就是有8組數字。
四位數的二進制數字，一共有2的4次方個，也就是有16組數字。
五位數的二進制數字，一共有2的5次方個，也就是有32組數字。
六位數的二進制數字，一共有2的6次方個，也就是有64組數字。
七位數的二進制數字，一共有2的7次方個，也就是有128組數字。
八位數的二進制數字，一共有2的8次方個，也就是有256組數字。
九位數的二進制數字……

啊！夠了夠了！我知道爲什麼要用n了，講起來眞是又臭又長啊。

與其說又臭又長，倒不如說永遠沒有完結吧！剛才你還叫我別用n來解釋這件事，要眞如此那就會沒完沒了。透過n的使用，我解說起來就簡單扼要了。

原來如此。

話說2的n次方這個數，要是n一直加大下去可是不得了的，據說報紙對折42次的話，其厚度[※]差不多可到達月球呢！

呃……所以說二進制數字雖只用到0和1，但只要增加位數，不管多大的數都能夠表示出來，是這個意思吧？

是啊，我們有辦法表示出大數，即意味著我們也能區分及辨別許多不同種類的東西。

以數字來表示文字

接下來看看以二進制數字表示「文字」是什麼樣的情況，設想以電腦鍵盤製作一篇英文文件，編輯文字時，我們可用的字母（字元）約為120個，包括大小寫英文字母、數字和符號，還有空白字元等等。我們將二進制數字分配給這120個字母來分辨它們，此時的二進制數字會需要多少位數呢？

這……是要怎麼做啊？

如果說二進制數字有n位數，我們就會得到「2的n次方」組不同的數字，這些是剛才所提到的，因此只要準備120組以上便可應付。你來查一下，2在幾次方的時候會超過120。

追加重點
※但僅在報紙厚度為0.1mm的情況下才成立。
譯注：$2^{42} = 4,398,046,511,104$，地球至月球距離平均約38萬公里。

> 這……2的一次方是2，二次方是4……六次方是64，七次方128，啊！
> 超過120了。

　　是啊，我們只要有2的七次方，也就是128組二進制數字，這樣英文鍵盤所打出的二進制數字（字母）大致都可以區分出來，也就是最少要有七位數才可以。

　　你應該有聽過所謂的「ASCII代碼」吧？它是一種將英文鍵盤字母（字元）對應到七位數二進制數字的轉換表。例如「A」這個字母便是對應到二進制數字的「1000001」。

（後4位）	（前3位） 000	001	010	011	100	101	110	111
0000	NUL	DLE	SP	0	@	P	'	p
0001	SOH	DC1	!	1	A	Q	a	q
0010	STX	DC2	"	2	B	R	b	r
0011	ETX	DC3	#	3	C	S	c	s
0100	EOT	DC4	$	4	D	T	d	t
0101	ENQ	NAC	%	5	E	U	e	u
0110	ACK	SYN	&	6	F	V	f	v
0111	BEL	ETB	'	7	G	W	g	w
1000	BS	CAN	(	8	H	X	h	x
1001	HT	EM	)	9	I	Y	i	y
1010	LF/NL	SUB	*	:	J	Z	j	z
1011	VT	ESC	+	;	K	[	k	{
1100	FF	FS	,	<	L	\	l		
1101	CR	GS	-	=	M	]	m	}
1110	SO	RS	.	>	N	^	n	~
1111	SI	US	/	?	O	_	o	DEL

ASCII 代碼表

此處是重點

分配不同的二進制數字給文字和顏色時，數字有多少位數，就能區分出多少種類的文字和顏色。

以這種方式將文字等資訊對應為只由0和1構成的二進制數字，這動作就叫「編碼」，而表示資訊的數字就稱做內碼（Code），像是鍵盤上英文字母「A」就表示為「1000001」。另外，你有聽過位元（bit）和位元組（Byte）這些單位嗎？

我感覺有聽過，像是百萬位元組（Megabyte）或是十億位元組（Gigabyte）之類的。

首先，所謂的「位元單位」是單位數的二進制數字，它所能表示的資訊要不是「0」就是「1」，而「位元組單位」則採用八位數二進制數字來表示，因此1位元組相當於8位元。

幹嘛要用「8」當成一個單位呢？感覺上不著邊，下不著地的。

這個嘛，其中應該有不少原因，但最早是為了用英文來表達「由位元所構成的群組」而導入到電腦領域當中的。

但剛才你不是說七位數就夠用來表示英文字了嗎？

聽說過去有人採用過七位數，也有人用六位數，不過處理以八位數為一單位的機器逐漸廣受人們所使用，因此「八位數」就成為標準了。剛才的ASCII代碼也一樣，若只需要區分出全部的英文字母，用上七位數也就足夠

此處是重點

將文字及顏色等資訊對應為二進制數字，這就稱為「編碼」。

了，不過我們經常會添加一位數，以八位數的形式來呈現。多了一位數的使用空間，遇到特殊情況時正好可以發揮作用，比如檢查字元錯誤等等功能。

> 話說「ASCII代碼」裡面沒有包括日文字嗎？

ASCII代碼是用來表示英文鍵盤上的字母，所以不會包括日文字用的內碼。要為它們編碼，就會用到日文字專用內碼，它與ASCII代碼是不一樣的。

> 呃……每種不同的語言，就有不同的「內碼」是嗎？

與其說個別語言的差異，倒不如說由於用途的不同和電腦史上的種種原因，而誕生出各種「內碼系統」，或稱做「編碼方式」。日文字的編碼中也有像是「Shift_JIS」或「EUC-JP」等數種不同的方法，況且日文字體系內還包含了漢字，要編碼的話，各個字母分配1位元組（八位數二進制數字，等於8位元）的話是不夠用的。以「Shift_JIS」的例子來說，當中有假名、漢字和其他全形字元，這樣編碼就會用到2位元組。

追加重點

補充有關「位元組」這個單字，最早使用的人是資訊科學家華納（Werner Buchholz），其目的應該是為了避免和位元（bit）搞混。當時他為這個字做出以下解釋：「一個用於文字編碼的位元群組。」

此處是重點

資訊編碼方式不只有一種，而是有許多方法。

1位元組有八位數，那所謂的2位元組⋯⋯是16位囉？這樣就有2的16次方組的「內碼」能用了。呃呃⋯⋯16次方是⋯⋯65536吧？要是有那麼多組數字，我感覺包括平假名和片假名，再加上漢字都沒問題了。不過「編碼方式」有那麼多種，這也太不方便了吧？

的確是這樣，例如電子郵件或文字檔偶爾會冒出「亂碼」對吧？發生這種情形，原因之一是製作和讀取文件時，雙方的編碼方式不一致所造成的。

我還蠻怕亂碼的，根本不知道裡頭寫了些什麼鬼。要不要乾脆創造一種能轉換世上所有文字的方法，這樣就不會再有亂碼了吧？

當然也有人在構思這件事，有一種稱之為「Unicode」的編碼方式，只要利用這套系統，我們就能夠轉換世上所有文字了。

不過想要轉換文字，數字所需的位數，也就是內碼長度也要隨字數來增加，而每個字母分配到的內碼愈長，處理或收發將會花上更多時間，這樣一來便會造成電腦在作業上的不便。

而且Unicode內部為了盡可能減少文字總量，其中一種做法便是整合日本、韓國與中國所共用的漢字，讓這些字使用同一組內碼。一眼看上去或許是個不錯的主意，不過你仔細觀察這些共用的字，日本相較韓國、中國所使用的字體是差很多的，而在Unicode體系之下，這些差異並沒有得到完美的解決。

 整合成一套系統也不全然是好事嘛。

以數字來表示顏色

電腦裡也可以將顏色資訊轉換成二進制數字，你有聽過所謂的像素（Pixel）嗎？

 像素……？不懂不懂。

你有用電腦來看圖或是照片吧？電腦上所見到的影像是以「帶有顏色的小方塊」所組合而成，每個小方塊就稱做「像素」。要是把照片一步步放大，就能見到方塊是如何拼湊起來的：

此處是重點

電腦中所見到的影像，是由帶有顏色的小方塊（像素）所拼湊而成。

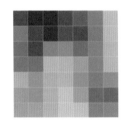

放大影像
的其中
一部分

電腦可以辨識各種顏色的小方塊，透過這種方式來呈現不同的影像，所以電腦能夠辨識出多少種像素的顏色，取決於我們用多少組二進制數字來表示它們。

 不只是文字，連顏色也要變成數字了呢！

我們可以用這種方法對顏色進行編碼，若僅用到一位元，也就是「0」、「1」兩種數字，如此就只能辨識出兩種顏色。例如「1」代表了黑，「0」代表白，這樣呈現的將是張黑白影像，中間色的「灰」當然就不存在，所以影像會是這種感覺：

 唔……怎麼死氣沉沉的啊？

黑白影像

 追加重點
影像在全彩模式（Full Color）之下，電腦可以辨識出1677萬7216種顏色，據說這遠高於人眼所能識別的顏色數量。

256色影像

全彩影像

不過要是有1位元組，也就是有8位元能夠使用的話，電腦就能辨識出256種顏色。

 256色也能做得到嗎？那蠻多的啊！

是啊，如果是彩色鉛筆的256色就超級多了。但要是電腦影像的話仍然嫌少，你看看，這就是256色的影像：

 我覺得挺自然的啊，看起來很漂亮。

那來比較一下這張吧：

 唔……雖然不太懂，或許這張稍微漂亮一點點吧。

這張叫做全彩（Full Color）影像，它用到了3位元組，也就是以24位數的二進制數字來辨識顏色。

 24位數，就是說能辨識出2的24次方種顏色嗎？

是的，一共有1677萬7216種顏色。

 天啊！

聲音是如何呈現的？

我們見識過文字和影像的例子了，不過聲音也能用二進制數字來表示。

咦？聲音也可以喔？

你在電腦上聽過音樂吧？電腦內部所處理的不只是文字和影像，連聲音也包含在內，那是因為聲音也能透過「0」和「1」所組成的數字呈現出來。

但聲音又不像文字和顏色，它是看不到的，那樣的東西是要如何用數字來表示呢？

我們先來思考一下所謂的「聲音」。現在我面對著你講話，這聲音原本是我震動位於喉嚨中的「聲帶」所引發的「振動」。振動會改變氣壓，以「波」的形式傳到你耳朵裡，這稱之為「聲波」。不只是人的聲音，其它物體所發出的聲響也是同樣道理，物體之間受到人為撞擊會發出聲響，是因為撞擊的當下，產生的振動以聲波的形式透過空氣傳播出去。

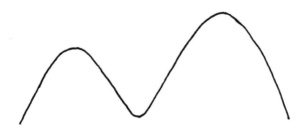

聲波的波形

是喔？聲音原來是一種波啊。

　　所以聲波長得是什麼樣子，就決定了它是什麼聲音。比方說聲波在快速起伏的情況下，聲音會比緩慢起伏的還來得高，另外波形愈高聲音也愈大。要將聲音重現，只要將聲波的特徵以某種形式給記錄下來，之後再製造出和原聲相同的聲波就行了。我們能用電腦來處理聲音，是由於「聲波的特徵」已經以數字的形式儲存起來了，如果要這麼做，我們首先要來處理原始聲波，間隔固定的時間對其進行「解剖」。

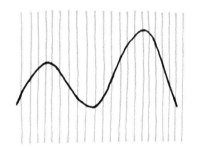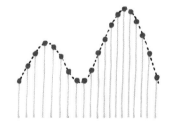

間隔固定的時間對聲波進行解剖（取樣）

　　接著聲波就像上圖般被縱切成好幾段了，下一步是抓取每個點的高度值，這個動作稱為取樣（Sampling）。

Sampling……之前我看到藥妝店在發送化妝品試用包（Sample），和那個有什麼關係嗎？

是的，化妝品的Sample講的是「這種化妝品請你試用看看」，你可以獲得一些些，但並非完整的商品，而是由原商品「拆分出一個個的小單位」，就這點來看，或許兩者有相似之處吧。聲音的取樣也一樣，並非「完整地」記錄下原始聲波，而僅是將其特徵拆成各個小單位記錄下來。

 可是只去記錄聲波縱切部分的頂點高度嗎？要是如此，那切口之外的地方怎麼辦？沒有記錄到嗎？

是啊，其他的部分是沒有記錄的，因此會造成這部分的資訊「失真」，換句話說，記錄下來的並非「完整的聲波」，而是間隔固定時間縱切聲波所得到的「片段」資訊。不過切割的間隔是非常短的，以CD音樂來說，每秒鐘大約取樣44000次。

 要是切到那麼細，我覺得就沒問題了。

但為了將聲波轉換為二進制數字，我們還需要另一項前置處理，就是「縱切」之後再對聲波圖形進行「橫切」，以「近似值」取代切口的原始數值。

此處是重點

聲音是一種波，波形長得什麼樣子，就決定了它是什麼聲音。

橫切？近似值？

　　是的，取樣途中由縱切口取得的數值，大部分的應該會是1.352389，或是6.756這樣小數位很長的值，至於像整數的1或是8那樣「整齊」的值幾乎不會出現，其中還會有像8.7943225……，12.3333333……等等小數點後有無限多位的值，此時我們會採用長度有限的近似值來取代它們，這就叫做量化（Quantification）。

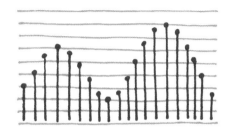 

以長度有限的近似值取代長度過長的值（量化）

幹嘛要大費周章做這些事啊？

　　有件事你不能夠忘掉，我們為表達資訊所使用的二進制數字，它的長度，或是說它的位數是有限的，硬要把8.7943225……或是12.3333333……等位數過長的值直接塞進電腦，這樣一來我們可能會需要無限長的數字。但

此處是重點

將聲音轉為二進制數字時，首先要對聲波縱切（取樣），再進行橫切（量化）。

這是完全辦不到的，因為這種數字放進電腦會花上無限長的時間，因此在處理方面，有必要將它當成一個「有限長度的數字」。以音樂來說，聲波高度一般會用16位元，也就是以16位的二進制數字來表示。

 16位的二進制，呃……那會有2的16次方組數字吧？

總共有65536組，想簡單一些，它可以呈現出65536階的聲波高度。

 用65536階呈現聲波高度是蠻細的，但我覺得這樣就無法記錄「正確的資訊」不是嗎？首先是「縱切」完成的時候，切口以外的部分會失真，而且「橫切」時要把長度過長的值轉為近似值對吧？你看下面的圖，我認為量化之後，波形的樣子還是和原來的差很多啊！

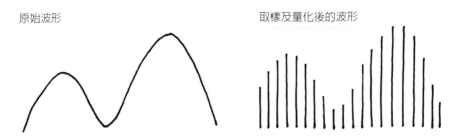

原始波形　　　　　　　　　　取樣及量化後的波形

原始的波形，和取樣及量化後的波形互相比較

「數位」和「類比」差在哪裡？

的確，採用二進制數字記錄聲波的特徵，不管我們如何努力，「失真」都是免不了的。

就算取樣和量化做得如何之細，只要以數字來呈現聲波，就無法重現未經處理的原音特徵。不過呢，除了轉換成二進制數字之外，還是有方法可以找回聲音的「原汁原味」。

 呃？是什麼方法啊？

這就要講到類比（Analog），你有聽過所謂「類比式電話」嗎？當我們講電話時，類比電話會將聲音轉換成電的形式，也就是將「聲波強弱」以「電波強弱」的形式來發送。接下來，藉由對方的電話把電波強弱再次轉為聲波的強弱，這樣我們的聲音便會確實傳送到對方那邊。

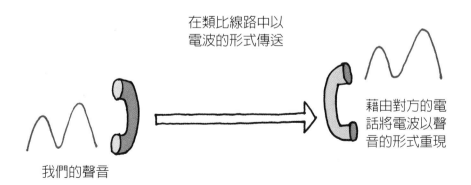

在類比線路中以
電波的形式傳送

藉由對方的電
話將電波以聲
音的形式重現

我們的聲音

類比式電話

在類比電話中，聲波會完整地轉換成電波（連續的電子訊號）。所以類比線路中的電子訊號是把連續的，未經切割的聲波，以「連續的，未經切割」的形式傳送出去。

 噢噢！「類比」這個詞還蠻潮的嘛，但它是不是有「老一派」的意思啊？之前我看過一個大叔說：「老子是類比世代的，哪懂啥新玩意兒啊！」

呃……類比並非「老一派」的意思，它是一種資訊的表達方式，將一種「連續量」改以另外一種「連續量」來表現。

 連續量？

連續量指的是「沒有最小的正數能夠表示這個值」。換言之，任何大於0的數都不會是連續量中的「最小值」。

 抱歉喔，愈來愈不懂你在說些什麼。

關於這點，比方說「長度」是個「連續量」。為什麼呢？那是因為你找

追加重點
額外補充一點，我們可以利用紙杯和綿線所做成的玩具電話來收聽對方的聲音，其中聲波會完整地轉換成綿線的震動再傳出去，這也是一種「類比」的例子，將連續量（聲波）轉換為另一種連續量（綿線的震動）。

不到一個「最小」的正數來表示「長度」。

 咦咦？1公厘不算是最小長度嗎？

當然不是了，因為像是0.1公厘還是0.01公厘，或是是更小的值都是存在的。要是再多講下去，例如更小的0.0000000001公厘、0.00000000000000000000001公厘等等，再往下仍有比前面更小的值。無論怎麼找，還要小的值都會不斷出現在你面前。也就是說，不存在所謂的「最小值」。

 不過0.00000……（無限多的0）……1，這不就是最小值嗎？

還是有更小的啊，它的十分之一、百分之一，甚至億分之一的長度，再想下去只會沒完沒了。

 但就只是「找不到」那麼簡單嗎？我認為找不到就說它「不存在」是有問題的！在妖精世界講這種話，會讓老師或爸媽氣起來說：「不准放棄！拼老命都要把它給挖出來！」

哈哈哈，當然在日常生活中，東西找不著時並非就「不存在」。但現在是要找出「最小值」，即意味著之後再也找不到任何值比這個「最小值」還要小。可是照這樣去想的話，我們對於任一數值都還能找出比它更小的，因此所謂的「最小值」依舊不會出現，如同剛才所見到的一樣。

呃……你是指「最小長度」仍然不存在對嗎？這樣我心裡好像有些不太舒服耶！

　　「連續量」所涵蓋範圍不是只有長度，還包括像是物體大小、重量、高度、寬度和角度，其他的還有亮度或是溫度、聲音大小、時間長短等等。自然界中許多的量都是連續量，想要分毫不差地表現這些數，除了用一個無限長的數字之外幾乎辦不到。例如半徑1公分的圓周長、邊長1公分正方形的對角線長之類的，這些小數點後無限長的數，就算寫成分子和分母的形式都沒辦法。

唔……我現在的身高，如果也想量出個絕對正確的值，答案該不會也是小數點後無限長的吧？很有可能喔！

　　差不多是的，回到我們所談的類比，類比電話是將連續的「聲波」表示成連續的「電波」，因此這樣的資訊表達法就叫做「類比」。

　　至於其他方面，例如「時間」是長短針之間的「角度」，這便是時鐘。「氣溫」則是「細管內液體的體積（長度）」，這便是溫度計。而黑膠唱盤是利用「碟面的凹槽」來記錄「聲波」，而底片相機是將光的亮度和顏色完整地曝光到底片上。

　　對照起類比，另外還有「數位」這個詞，你有聽過吧？

此處是重點
「連續量」指的是沒有最小的正數能夠表示這個量。

當然有啊，像是數位相機或數位電子鐘之類的。

　　數位（Digital）指的是將「連續量」以數字來表示，更正確來說，藉由可區分彼此的二元狀態，甚至是多元狀態來描述事物，其中就包含了數字。剛才你也看到了，我們的做法是將聲波「解剖」再以二進制數字來表示，這就是「數位」。雖說以數字來表示，但之前提到的那種無限長的數字是無法使用的，所以遇到長度或時間之類的連續量，我們就要將它轉換為「長度有限的數字」，這時的做法是保留它的關鍵特徵，不重要的部分予以捨去，變成為一種「片段」的資料，這種值就是原始值的「近似值」。

 是喔？我還以爲數位是個創新東西呢，聽你這一說，感覺類比資訊比較好用，因爲它儲存時不會遺失原始資訊。

　　類比就因爲有如此優點，不論是音樂還是照片，都會有老一派比較堅持的玩家表示「還是類比的比較好」。但數位資訊最大的優點，首先不管文字、圖片或聲音，還有影片皆採用二進制數字來表示，這點你到目前爲止都見識到了，因此這些資訊全都能以電腦來處理。以前要欣賞拍好的照片，必須將相機拍出的底片送去沖洗，要聽音樂則要用到黑膠唱片機，這樣一來你得要有各式各樣的機器才行。

追加重點
　　「數位」是將「連續量」改採非連續的「片段數值」來表示，有限長度的數字便是非連續量的一個例子。
　　譯註：非連續的量又稱做「離散量」。

第 **1** 部　數字的歷史

原來如此。們所在的今天，用電腦可以處理文書，也能看照片；聽音樂或是說看影片，這些事情用一台機器就能搞定，真是方便啊！

　　還有，數位資訊亦有不易損壞的優點，類比資訊只要存放時間一拉長，或是重覆地複製資料，這樣一來保存狀況變差是經常有的事。比方說黑膠唱盤的碟面凹槽等等，會隨著時間的經過或環境變化而招致損壞，不然就是膠片本身彎曲變形。相較起來，由於數位資訊本身是一串「數字」，這樣的資訊是不易遺失的。

喔喔！

　　另外就是資訊的修改，類比的資訊是不容易調整的，而且一旦調整完畢，要回復原貌可是非常地麻煩。相對的，數位資訊只要改改數字就能夠編輯，而且只要我們把數字給還原，就能回到修改前的狀態了，不管多少次都可以做到。

那還真不錯耶！

　　講到這裡，以「進位記數法」為基礎的二進制數字，利用它可以表達各種資訊，這下你該懂了吧？在歷史中經過長時間發展至今的「數字」，電腦也因為有了它才得以誕生。電腦不只能夠處理數字，還包括文字，顏色和聲音等資訊。現代的電腦是一台「數位機器」，意思就是「處理以數字來表達資訊的機器」，你可以照這個方向來理解其中涵義。

多謝，差不多搞懂了，我想馬上返回妖精世界向長老們報告，去推廣所謂的「進位記數法」之類的知識。接下來只要請神明一口氣調快時間，電腦應該就會出現啦！真是萬分感謝，再會了，你對我有恩我不會忘的。

噢？就這樣走掉啦？光靠這次我講的東西，還不知道行不行呢……

巴比倫數字與「零」的發明

巴比倫數字是一種採用「進位記數法」的數字,它是個十分古老的系統,大約是在西元前1800年左右。該數字使用的是六十進位,分別有代表1到59不同的數字符號:

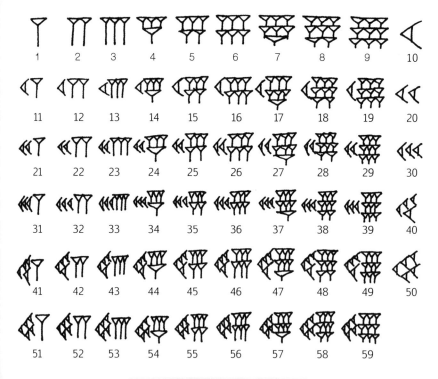

巴比倫數字 (1-59)

我來舉個例子，以巴比倫數字來表示5810這個數，會像下面這個樣子：

這……符號從左邊排過來分別代表1、36和50，那為什麼會是5810呢？

巴比倫數字是以60的次方為基礎來進位的。從右邊算起來，第一個數字代表有幾個「60^0」，第二個代表「60^1」，同樣的，第三個就是「60^2」。來看看右邊開始第一個符號是 ，它代表了50，而60^0是1，也就是有50個1。再來第二個是 ，代表有36個60^1，等於是2160。第三位的 代表有1個60^2，等於3600，全部加起來就得到了5810。

第1部　數字的歷史

代表3600的位數	代表60的位數	代表1的位數

1	**36**	**50**
60的2次方	60的1次方	60的0次方
（3600有1個）	（60有36個）	（1有50個）

十進位數字
是多少？

$$3600 \times 1 \quad + \quad 60 \times 36 \quad + \quad 1 \times 50$$
$$= 3600 \quad + \quad 2160 \quad + \quad 50$$
$$= 5810$$

以巴比倫數字來表示「數」

原來是這樣。

巴比倫和阿拉伯數字還有個共通點，就是具備「空位數」的表達
方式，阿拉伯數字為分辨21、210、201、2100這些數字，會用
一個符號來表示這個位數「什麼都沒有」，也就是「0」，而巴
比倫數字據信也有代表0的符號。

我來到人類世界才知道有0這個數字，「什麼都沒有」居然會有
數字來代表它，真是有趣啊！

對，正確來說，巴比倫數字裡的「什麼都沒有」，充其量僅為一種空位數的表達法，而我們阿拉伯數字的「0」當然是代表空位數，同時也代表了「0」這個數，兩者不全然相同。

「0」這個「數」？指的是什麼都沒有的數嗎？

0這個數是可以運算的，就像「1＋0＝1」或是「1×0＝0」，是一個真正存在的數。相較起來，巴比倫數字的空白處，原來的目的應該只是用來分隔每個數，而不代表計算時會用到的數，0被當成數字的概念誕生於7世紀的印度。事實上阿拉伯數字原本也是1到2世紀由印度發明出來的，在導入0的概念之後，它就能表示所有的數了。

印度發明的喔？既然如此幹嘛要叫阿拉伯數字呢？

之所以稱為阿拉伯數字，可能是西元773年時，由印度天文學家將印度數字傳到阿拉伯，再由阿拉伯廣傳至全世界。之前阿拉伯人並沒有正統的數字系統，他們會直接使用文字或語言，要不然就沿用被征服種族的數字，或者拿代表數量的文字字首來替代。但靠著這些來自印度的數字，才使得阿拉伯地區在數學方面突飛猛進。對於這部分有興趣的讀者，可參考《零的發現》（吉田洋一著，岩波新書出版）該書內容。

過了好幾天後

抱歉喔，電腦是要怎麼弄才會出來啊？

——哇！怎麼又是你？怎麼？不是回到妖精世界了嗎？

我是回去了，之後和長老們討論，總之就是放棄古埃及數字，而改用「進位記數法」的數字了。我們後來向神明許願，請祂把時間調快1000年左右。

——嗯嗯，那接下來怎麼樣啦？

我們數學方面進展得蠻快的，因此數學技術也變得十分發達。你看看喔，妖精世界現在是這個樣子，但卻是一片黑白而沒有任何色彩。

——噢！之前像童話故事的世界，現在進步蠻多的，仿佛回到了福爾摩斯時代的英國，我見到有火車在跑，又看得到工廠般的建築，而且這不是圖畫而是照片，只不過是黑白的。

　　是啊，連相機都有人發明出來了，到了晚上，街道同樣也因為電而綻放出光明，眼看汽車和電話都要出現了，但仍舊沒有電腦。

——咦？你們都發展到這種程度了，那電腦不是快要出現了嗎？

　　沒有啊，我們再次向神明禱告，結果得到的卻是：「你們這樣是弄不出電腦的。」我想知道究竟還缺少什麼，所以又來到這裡了，請你告訴我到底還少了哪些東西吧！

——這一說可難倒我了……對了，你剛才說「數學方面進展得蠻快的」，那麼「邏輯學」方面有什麼進步嗎？

　　「邏輯學」是什麼東西？

——「邏輯學」大致來說，是思考「正確推論為何？」方面的學問。推論是指「由已知的事物推導出未知的事物」，這是平常我們大腦中一直在進行的工作。

喔？有關「大腦中思考」的學問啊？不是很懂，但我認為妖精世界裡是沒有這門學問的。

——是喔？那我知道了，這就是在妖精世界沒有出現電腦的原因啊！

那個叫什麼「邏輯學」的，和電腦扯得上邊嗎？

——當然有了，人類世界因為有了邏輯學，「利用電來實現運算機制」才有其可行性，這點對於電腦的發明是不可欠缺的。

那麻煩教我你所謂的「邏輯學」！雖然看上去很難，但我會努力吸收的。

——沒那麼難啦，你也不用緊張到呼吸都變急了啊，那就先來解釋什麼是所謂的「利用電來實現運算機制」。

第 **2** 部

利用電來實現運算機制

第**4**章 以電腦執行加法運算

二進制數字的加法

之前我提過電腦裡的「數字」是利用電來表示的,而「數字」就是表示「數」的符號。

沒錯,前面你教過我「數」可用「二進制數字」來表示,這種數字只用到了0和1。再來,0和1可以替換成電流的斷電及通電狀態,這點我也學到了。

就是如此,那我們馬上進入到計算方面的話題,其實電腦內部所進行的「數的計算」,就等於是針對「電的操控」。

「電的操控」⋯⋯不意外,我光看就很棘手了。

不用擔心,這個動作我們大家平時都在做了,這都是所謂的「電的操控」。

大家都在做?該不會是「電源的開和關」吧?

將第 86 頁的值放進資料區 A

本書第 3 部會用到 72 頁到 90 頁的下半部

　　我講的就是你所說的「該不會」，只要利用電源的開和關，電腦就能進行計算了。

 眞的？那是怎麼做到的啊？

　　先來講講「以二進制數字所表達的數」，其加法計算是如何進行的，你得稍微去習慣它，這是有必要的。接下來式子就請你算算看吧：

　　(1) 1 + 1 = ?

　　(2) 1 + 0 = ?

　　(3) 0 + 1 = ?

　　(4) 0 + 0 = ?

 這個嘛……可以從最下面開始算嗎？
(4)的答案是0，(3)是1，(2)也是1，(1)用直覺去想就是2嘛……

　　二進制之下是沒有「2」這個數字的。回想一下吧，二進制裡要如何表示「2」這個數？

 啊！我想起來了，是「10」

　　是的，二進制碰到2的n次方就會進位，十進制的2便是二進制的10。接下來把計算結果做成如下表格，分別列出被加數、加數、答案的第二位以及答案的第一位：

將第 87 頁的值放進資料區 B

	被加數	加數	答案的第二位	答案的第一位
加法(1)	1	1	1	0
加法(2)	1	0	0	1
加法(3)	0	1	0	1
加法(4)	0	0	0	0

　　依上圖把表格整理出來，我要讓你看到的是：在二進制加法之下，答案中每一位的結果，會隨著被加數及加數的值而產生改變。

　　首先來觀察答案的第二位，它的值為1，只有在被加數及加數兩者均為1的情況下才成立，而其他情況下都是0。

　　　喔喔，是有些趣味性呢！

　　是喔？你對這部分的反應我倒有些意外。

　　　因為我認識的妖精當中也有這種人，最近妖精王國總算也弄出一個叫做「選舉」的玩意兒，有新的事情要做決定，可以用「投票」來贊成或是反對它。不過妖精中仍舊有一堆人說：「不知道要投哪一個。」我某個朋友也是其中之一，他會觀察兩位德高望重的妖精長老，看他們是贊成還是反對才會下決定。我聽他說，要是長老們都贊成，他就會投下贊成，要是其中一人反對，或是兩人都反對，那他就會投下反對。這位朋友個性是很謹慎的，而且他自己也說要不這麼做，心裡會很不踏實。

將資料區 A 和資料區 B 的值相加

計算完成後將計算結果放進資料區 A

噢！原來是這樣喔？像那種自己不思考的人，做決定的方式或許就類似二進制加法之下，答案第二位的計算方式。接下來請留意答案的第一位，當被加數與加數僅有一方為1，而另一方為0時，得出來的就是1，而雙方均為0或是1時，這樣得出來會是0。

嗯嗯，我也有認識那樣的妖精，聽說長老們都贊成的時候，他就會投下反對，相反地，長老們只有一人贊成時他會投贊成。他自己說：「因為我覺得平衡性很重要。」但萬一長老們都反對的話，他又會覺得不太安心而投下反對。

是喔？這兩隻妖精和長老們之間的關係，和二進制加法中每個元素間的關係是一樣的，有趣的點就在這裡，要是做成表格的話就是這樣：

	長老1	長老2	十分謹慎的妖精	注重平衡的妖精
狀況1	贊成	贊成	贊成	反對
狀況2	贊成	反對	反對	贊成
狀況3	反對	贊成	反對	贊成
狀況4	反對	反對	反對	反對

由表可得知，妖精之中有人會「依照他人動向來決定自己的行為」，而二進制加法重點在於「依照被加數與加數的值，來決定答案中每一位的值」。所以電腦中有一種電路是「依照他處的電流狀況，來決定自己是通電還是斷電」，而這電路就是用在加法計算上的。

將資料區 A 的值放進第 88 頁

電路？

半加法計算器：利用電來實現單位數的加法

妖精世界現在也在用電吧？你們有把電池和燈泡用電線串起來點亮嗎？

 有啊有啊。

以大方向來說，你那樣就算是一種電路了，電腦裡頭有類似的電路，就如同剛才那隻「十分謹慎的妖精」和另一隻「注重平衡的妖精」，我們利用它便能實現之前的加法運算了。

首先是一種稱之為「AND」的電路，只有在X和Y都通電的時候Z才會通電，像是兩位長老與「十分謹慎的妖精」彼此間的關係：

程式結束

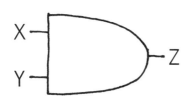

> 只有在 X 和 Y 都通電的時
> 候 Z 才會通電，其他情況
> 下 Z 會斷電。

AND 電路

這電路內部長得是什麼樣子呢？總之來簡單想像一下，思考方向如下：
一組接上燈泡的電路，兩個開關分別位於電線的同一列上：

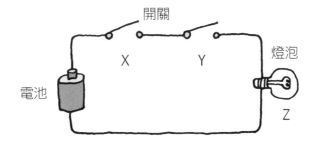

> 原來如此，萬一X和Y兩邊開關不同時打開，那燈泡Z就不會亮了。

接下來的是叫做「XOR」的電路，當X和Y都通電，或X和Y都斷電時Z就
會斷電，而X和Y僅有其中一方通電時Z才會通電。你覺得是否很像長老們與
「注重平衡的妖精」之間的關係呢？

將第 88 頁的值放進資料區 A

第**2**部　利用電來實現運算機制

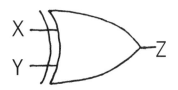

X和Y只有其中一方通電時Z才會通電，其他時候不論X和Y都通電或斷電，Z都不會通電。

XOR 電路

「XOR電路」也可以表示成燈泡和開關之類的形式吧？

有一點複雜，你可以想像成以下這種樣子：

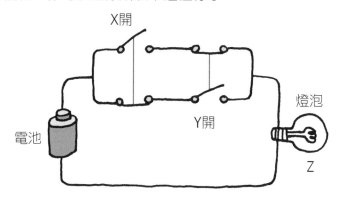

這什麼鬼東西？

在這組電路裡，左上X開關透過一根細棒和左下的開關相互連結，而右下的Y開關也透過細棒連結了右上的開關。

將第 89 頁的值放進資料區 B

　　打開這組電路的X開關，X下方
另一個開關會被細棒往下頂而被強
制關閉，但是電仍會透過X和它右
側的開關，從電池通往燈泡Z將其
點亮，如右圖所示：

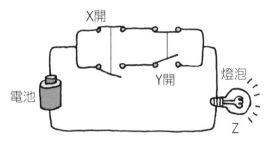

第
2
部

利
用
電
來
實
現
運
算
機
制

　原來如此，那麼反過來，不開X而去打開Y開關會如何？

　　那會像右邊的圖，打開Y開關
後，上方的開關會被細棒拉下來而
斷電，不過電可以經由下方兩個開
關流向燈泡。

　　那要是我把X和Y開關都打開
了，接下來會發生什麼事呢？

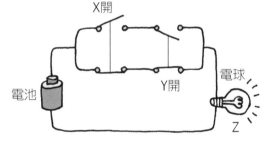

　呃……打開X的話，下方連結的開關就斷了，要是開了Y，上面的開
關也跟著斷掉，那就變成下圖那樣了吧：

　　　　　　　　　　　　　　　　　　　　　　　將資料區 C 的值設為 0

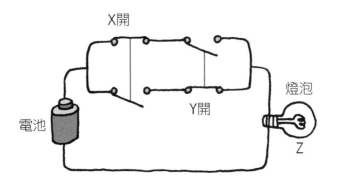

沒錯，此時的電既無法通過X也無法通過Y開關，所以燈泡不會亮。

那我明白了，就是指「只打開一邊的時候才會通電」的意思啊！

這種「XOR電路」和剛才的「AND電路」，就如同「注重平衡的妖精」再加上「十分謹慎的妖精」，將它們照右圖般連接起來，就成為了半加法計算器（Half Adder）。

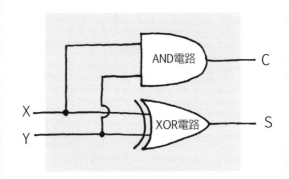

半加法計算器

將資料區 A 的值減去資料區 B 的值

計算完成後將計算結果放進資料區 A！若該值小於 0 就在公告欄 F 上標出「負號」

　　請你思考一下，半加法計算器內「X和Y都通電」、「只有X通電」、「只有Y通電」和「X和Y都斷電」這四種狀況，會使得C和S分別呈現怎麼樣的結果呢？

練習題

	X	Y	C	S
狀況 1	通電	通電		
狀況 2	通電	斷電		
狀況 3	斷電	通電		
狀況 4	斷電	斷電		

呃呃……我先從C開始想喔，C是由AND電路計算出來的，只有在X和Y都通電時C才會有電，就是說C在狀況1的時候會通電，其餘狀況都是斷電，所以結果就如下表：

	X	Y	C	S
狀況 1	通電	通電	通電	
狀況 2	通電	斷電	斷電	
狀況 3	斷電	通電	斷電	
狀況 4	斷電	斷電	斷電	

若無特別指定頁數，指令暫存器的值將逐一增加。若公告欄 F 沒出現「負號」則依指令暫存器繼續執行

若公告欄 F 出現「負號」則跳躍至第84頁

再來想一下S的部分，S是從XOR電路計算出來的，X和Y只有其中一方通電時S才會有電，也就是狀況2和狀況3時會通電，狀況1和狀況4就斷電：

	X	Y	C	S
狀況 1	通電	通電	通電	斷電
狀況 2	通電	斷電	斷電	通電
狀況 3	斷電	通電	斷電	通電
狀況 4	斷電	斷電	斷電	斷電

　　答對了！前面提過電腦可辨別「通電」、「斷電」的二元狀態，因此採用二進制來表示資訊是十分合適的。要是把「通電」及「斷電」分別置換為1和0，就成為一張之前那種加法計算的表格：

	X	Y	C	S
狀況 1	1	1	1	0
狀況 2	1	0	0	1
狀況 3	0	1	0	1
狀況 4	0	0	0	0

這個嘛，X和Y是「被加數」以及「加數」，而C是「答案的第二位」，S是「答案的第一位」，把它改寫成數學式子就會是這樣：

將資料區 C 的值加 1

計算完成後，將計算結果放進資料區 C

$$1 + 1 = 1\ 0$$
$$1 + 0 = 0\ 1$$
$$0 + 1 = 0\ 1$$
$$0 + 0 = 0\ 0$$

真的耶！完全就是二進制加法嘛！我來整理一下，也就是說，把想要計算的數放進「半加法計算器」裡的X和Y，將1做為通電，0是斷電，再去觀察C和S部分的通電狀況就知道答案了。透過C和S的組合，就能得到加法的結果囉。

是這樣沒錯，利用電路來實現二進制加法運算，你差不多明白了吧？我覺得它不是那麼難懂的。

的確，不過剛才看到的僅僅是單位數的加法，那萬一遇到11+1或是10+11之類的該怎麼處理啊？

跳躍至第 80 頁

第 **2** 部　利用電來實現運算機制

全加法計算器：利用電來實現兩位數以上的加法

　　要執行兩位數以上的加法，就得製作出一個更大的電路了。話雖如此，我們只要先將一個「OR電路」加上另一組半加法計算器，再整個裝進剛才的電路裡就可以了。

 「OR電路」是什麼啊？

　　「OR電路」也是電路的一種。當X和Y都通電，或至少一方通電時Z就會通電，只有在X和Y都斷電時Z才會斷電。

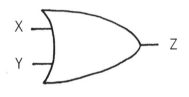

OR 電路

> X 和 Y 都通電，或至少一方通電時 Z 就會通電，X 和 Y 都斷電時 Z 才會斷電。

　　以電池和燈泡來表示，就像右圖這種樣子：

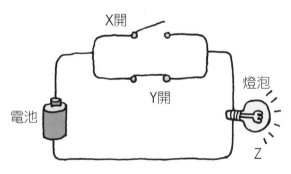

將資料區 C 的值放進第 90 頁

是喔？這電路好像是有種人的個性是「只有自己一個人就感到不踏實」。如果有這種妖精，我覺得兩位長老只要其中之一贊成，那他也會跟著贊成囉？

　　感覺可能是這樣吧，我們在原本的半加法計算器上面，再多加另一組半加法計算器和「OR電路」就完成了。將它們照著下圖組合起來，這便是全加法計算器（Full Adder）。

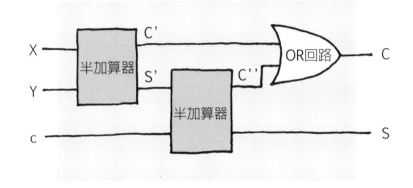

全加法計

 哇！太複雜了！

　　要執行兩位數以上的加法時就要用到這種電路，左邊的X、Y與小寫c彼此通電與否，和電路中央的C'、S'、C''，以及右側的C和S，其電流狀況就會呈現以下的組合：

程式結束

第**2**部　利用電來實現運算機制

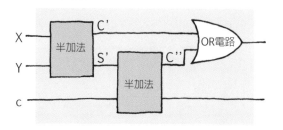

全加法計算器

	X	Y	c	C'	S'	C''	C	S
狀況1	通電	通電	通電	通電	斷電	斷電	通電	通電
狀況2	通電	通電	斷電	通電	斷電	斷電	通電	斷電
狀況3	通電	斷電	通電	斷電	通電	通電	通電	斷電
狀況4	通電	斷電	斷電	斷電	通電	斷電	斷電	通電
狀況5	斷電	通電	通電	斷電	通電	通電	通電	斷電
狀況6	斷電	通電	斷電	斷電	通電	斷電	斷電	通電
狀況7	斷電	斷電	通電	斷電	斷電	斷電	斷電	通電
狀況8	斷電	斷電	斷電	斷電	斷電	斷電	斷電	斷電

全加法計算器之電流組合

　　依前面的方式將「通電」、「斷電」替換為1和0，便產生了下一張表格。之前有關電流與數字間的對應方式已經解釋過了，因此現在起我們就把電路中的「X處通電」當成1，而「X處斷電」當成0：

2

	X	Y	c	C'	S'	C''	C	S
場狀況	1	1	1	1	0	0	1	1
狀況 2	1	1	0	1	0	0	1	0
狀況 3	1	0	1	0	1	1	1	0
狀況 4	1	0	0	0	1	0	0	1
狀況 5	0	1	1	0	1	1	1	0
狀況 6	0	1	0	0	1	0	0	1
狀況 7	0	0	1	0	0	0	0	1
狀況 8	0	0	0	0	0	0	0	0

將電流狀態轉換為 1（通電）和 0（斷電）後之電流組合

 我說上面這張表啊，它到底想要表達什麼？完全看不懂。

首先來觀察左邊數來第三列那個「小寫c」為0時之狀況，符合這點的有狀況2、狀況4、狀況6和狀況8，把這些狀況單獨從表格中抽取出來：

3

	X	Y	c	C'	S'	C''	C	S
狀況2	1	1	0	1	0	0	1	0
狀況4	1	0	0	0	1	0	0	1
狀況6	0	1	0	0	1	0	0	1
狀況8	0	0	0	0	0	0	0	0

此時再來看一下左邊的X和Y，與最右邊兩列的C、S有著什麼樣的關係。把X+Y=CS這式子套進去，就成為單位數的加法了。全加法計算器在小寫c為0的情況下便等同於半加法計算器。

> 當X和Y均為1時，C=1，S=0。
> 當X為1，Y為0時，C=0，S=1。
> 當X為0，Y為1時，C=0，S=1。
> 當X和Y均為0時，C=0，S=0。
> 的確，如果只看左側小寫c為0的狀況，X+Y=CS就是一個單位數加法，為什麼是這樣？和小寫c是0有什麼關係嗎？

是的，這種關係當然存在。小寫c代表的是「前一位數計算時所產生的進位」，也就是當小寫c為0時，表示前一位數沒有進位，像1+1、1+0兩者均為單位數加法，前一位數是不存在的，不會進位也造成了小寫c必為0。

而當計算兩位數以上的時候，小寫c就變得十分重要了，計算一個位數就要用上一個全加法計算器，想要計算兩位數以上的話，計算器之間便會以下列方式連接起來：

5

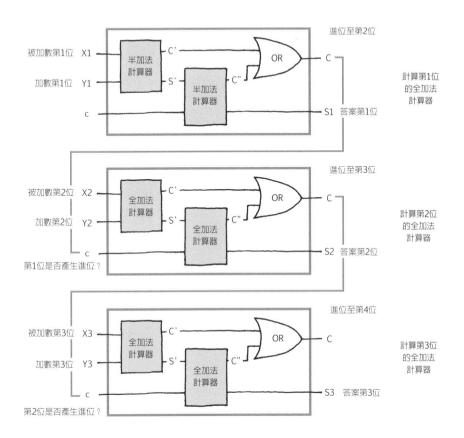

被加數第1位　X1
加數第1位　Y1
半加法計算器
C'
S'
半加法計算器
C''
OR
C
進位至第2位
c
S1　答案第1位
計算第1位的全加法計算器

被加數第2位　X2
加數第2位　Y2
全加法計算器
C'
S'
全加法計算器
C''
OR
C
進位至第3位
c
S2　答案第2位
計算第2位的全加法計算器
第1位是否產生進位？

被加數第3位　X3
加數第3位　Y3
全加法計算器
C'
S'
全加法計算器
C''
OR
C
進位至第4位
c
S3　答案第3位
計算第3位的全加法計算器
第2位是否產生進位？

全加法計算器之連結圖

　　計算兩位數加法的情況下，我們將被加數與加數的第一位分別代入所屬計算器的 X_1 和 Y_1，第二位放進 X_2 和 Y_2。

第 **2** 部　利用電來實現運算機制

2

接下來從第一位計算器得出了C，再把C代入到第二位計算器的小寫c，最後就能得出答案了。第一位是S_1，第二位是S_2，也就是會衍生出一個$X_2X_1+Y_2Y_1 = S_2S_1$的式子。

要是進位到了第三位，答案中便會出現S_3，表示成式子就是$X_2X_1+Y_2Y_1 = S_3S_2S_1$。

 天啊！實在太難了！

逐一觀察每個部分是完全不會難的，放心吧。我們來嘗試計算二進制數字的11+1，這相當於十進制裡的3+1，由於位數相同的被加數與加數有助於理解，因此這部分可以想成是11+01。

先來看看第一位的全加法計算器，其中X_1、Y_1是被加數與加數的第一位，因此把X_1、Y_1都用1給代進去。由於沒有前一位所產生的進位，因此小寫c是0。以剛才那張「轉換為1和0後之電流組合」的表格來說，這符合第二種狀況，這樣一來C'、S'、C''、C以及S各是多少呢？

	X	Y	c	C'	S'	C''	C	S
狀況2	1	1	0	1	0	0	1	0

 唔……C'是1，S'是0，C''是0，C是1，最後S是0。

沒錯，答案的第一位已經算出來了，S_1是0。

2

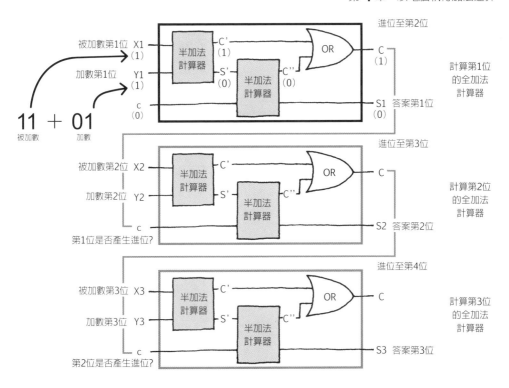

計算11+1（第一位完成時之情況）

　　下一步看的是第二位的全加法計算器，X_2、Y_2要代入的是被加數和加數的第二位，因此X_2就是1，而Y_2是0。

　　因第一位產生了進位，接下來的小寫c就代入1，你覺得這樣符合之前那張「轉換為1和0後之電流組合」中的哪一種狀況呢？

 這……X_2是1，Y_2是0，而小寫c是1，那就是「狀況3」了吧？

	X	Y	c	C'	S'	C''	C	S
狀況 3	1	0	1	0	1	1	1	0

是啊，第二位計算器中的電流運作如下，最後C會得出1，而S2是0：

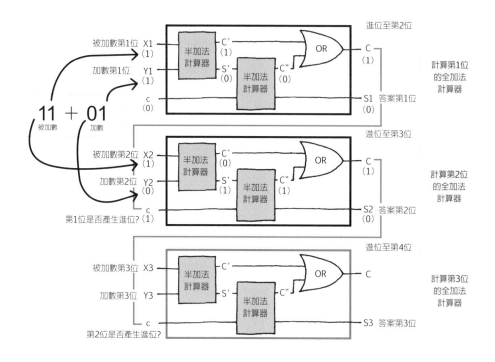

計算11+1（第二位完成時之情況）

最後看的是第三位的計算器，由於第二位產生了進位，我們把小寫c代入1，而被加數及加數都只有到第二位，因此X_3、Y_3都代入0。對照前面的表格，這符合哪個狀況呢？

嗯……X、Y和Z分別是0、0、1，所以是「狀況7」。

	X	Y	c	C'	S'	C''	C	S
狀況7	0	0	1	0	0	0	0	1

沒錯，因此S_3是1，而C是0。

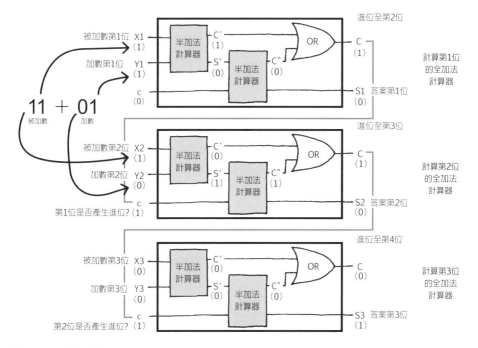

計算11+1（完成）

　　透過以上流程，我們得出了一個三位數的答案，套用$X_2X_1 + Y_2Y_1 = S_3S_2S_1$這個式子，$S_3$是1，$S_2$是0，$S_1$是0，最後得出11 + 01 = 100。二進制的11、01、100改寫成十進制，分別為3、1、4，因此二進制的11 + 01 = 100，在十進制下便是3 + 1 = 4，這完全符合計算的結果。

 是耶！真叫人鬆了口氣啊，累死我了！

此處是重點

　　「半加法計算器」是由「AND電路」和「XOR電路」所組成，而「全加法計算器」是由兩組「半加法計算器」再加上「OR電路」所組成。要利用電來實現加法運算，這兩種計算器都會派上用場。

第**5**章 「利用電的運算機制」之黎明期

布林代數：邏輯學與數學的相遇

不過利用電來實現運算機制，這倒是個好主意啊！自從我把你所教的「進位記數法」帶到妖精世界，我們在數學方面也有了進展，而電的研究方面也是一樣，但這種計算方式倒是沒有任何妖精想到過。

事實上，人類世界之所以發明出這種方式，可說是邏輯學工作經過長期醞釀累積而成的。從長久歷史中所發展出來的邏輯學，它與數學的相遇，再來與工程學的相遇，其成果之一便是電腦了。

你前面提到的邏輯學，是有關大腦思考方面的學問吧？

如之前所言，邏輯學是思考「正確推論為何？」這方面的學問，而推論是指「由已知的事物來推導出未知的事物」。

此處是重點

邏輯學是思考「正確推論為何？」這方面的學問。

唔……就算你這麼解釋，我還是不太懂「推論」是什麼東西。

那就來思考些具體的案例吧，比方說：你本來想吃的蛋糕，現在被人家給吃掉了！

來查查看犯人是誰，結果你知道「犯人要不是老媽，那就是老妹」，繼續調查下去更會發現「犯人不是老媽」，那請問犯人是誰呢？

 那當然是老妹啦！

沒錯，換言之「吃掉蛋糕的是老媽或是老妹」和「吃掉蛋糕的不是老媽」這兩件事如果是真的話，那麼「吃掉蛋糕的是老妹」這結論的正確性便是百分之百，了解嗎？

前提 1： 吃掉蛋糕的是老媽或是老妹。

前提 2： 吃掉蛋糕的不是老媽。

結　論： 吃掉蛋糕的是老妹。

推論的範例

直覺思考是沒錯啊，但我覺得這種事不用想也知道吧？

　　這種大家都認為「不用想也知道」的「結論推導方式」是很重要的，不用想也知道的「正確推論」持續累積下來，在當人類要做出重大決定，要互相理解，或要融合彼此異見時就會發揮強大的力量，而世上很早開始就有人理解到這些事情了。

　　這種「正確推論」包含了好幾種「推論形式」，發現到這點的是古希臘哲學家 —— 亞里斯多德。

 推論形式？

　　是的，以「吃掉蛋糕的是老媽或是老妹」和「吃掉蛋糕的不是老媽」為前提，從中推導出「吃掉蛋糕的是老妹」之結論，這便符合「正確推論」中的推論形式。這裡所講的「形式」，是從「要不是P就是Q」以及「不是P」這兩項前提，來推導出「是Q」這個結論。要是將「吃掉蛋糕的是老媽」這個句子代入P，「吃掉蛋糕的是老妹」代入Q，得出的結果就等同於我們最早的推論了。

追加重點

這裡所指的「正確推論」，它正式名稱叫做「演繹推論」，其中的一種「推論形式」其內容為「前提為真，則結論必為真」。而就廣義的「推論」而言，「前提為真，結論卻不見得為真」這種形式的推論也是存在的。

推論形式
　前提 1：要不是P就是Q。
　前提 2：不是P
　　　　　⬇
　結　論：是Q。

「吃掉蛋糕的是老媽」代入 P

「吃掉蛋糕的是老妹」代入 Q

推論形式
　　前提 1：吃掉蛋糕的是老媽或是老妹。

　　前提 2：吃掉蛋糕的不是老媽。
　　　　　　⬇

　　結　論：吃掉蛋糕的是老妹。

由推論形式導出個別的推論結果

　　亞里斯多德之後，人類不停地追求所謂的「在某個前提之下，要是它為真，即可從中導出正確結論」之「推論形式」，而前面的這種是由「要不是P就是Q」以及「不是P」來推導出「是Q」。除此之外，也存在著其他好幾種推論的形式。

　　例如在「所有的人都會死」和「蘇格拉底是個人」兩項前提之下，便出現了一個有名的推導叫做「蘇格拉底會死」，這種形式就是以「全部的P都是Q」以及「x是P」為前提，得出了「x是Q」這種結論。

追加重點

這裡所舉的蛋糕例子，在推論形式中稱為選言三段論（Disjunctive Syllogism），而蘇格拉底的例子稱為全稱實體化（Universal Instantiation）。

西方的中世紀以後，知識份子們學會並精通了各種推論形式，在有需要的時候，就靠這個以辯論打贏對手。

所以學習各式各樣的推論形式，就是所謂的「邏輯學」了吧？

人們長久以來應該都認為邏輯學是你講的這種學問，不過到了19世紀中葉出現一位叫布爾（George Boole）的人，自此之後，邏輯學與數學便有了完美的組合。

呃……你講到這裡，邏輯學和數學究竟是如何組合起來的啊？

布爾表示，諸如「吃掉蛋糕的是老媽或是老妹」或是「吃掉蛋糕的不是老媽」，將這類字句以某種方式置換為數學式，這樣透過「計算」便可得出「正確推論」了。

某種方式？那是什麼？

我們就這方面來小試一下吧，首先思考第一個前提是「吃掉蛋糕的是老媽或是老妹」。

先把這句話置換成「『吃掉蛋糕的是老媽或是老妹』為真」，而所謂「真」就是「事實」的意思，只是換成比較生硬的敘述，整句話唸起來雖然比較饒舌，但其內容不會有所改變。接下來的兩句「吃掉蛋糕的是老媽」和「吃掉蛋糕的是老妹」，分別用符號P和Q來代表它們。

剛才我就在想，怎麼會用符號來代表句子啊？感覺也太怪了吧？

不習慣的話或許會感到很奇怪，不過請你忍耐一下，只要將句子換成符號，我們就會看清它的推論形式而不會被句子內容給誤導。

再來的「或是」這個部分，也就相當於英文的「or」，將這個部分用「＋」來代表。這樣一來，「吃掉蛋糕的是老媽或是老妹」就會被表示為「P＋Q」。

「＋」是指數學加法中的加號嗎？

雖說它實際意義並非如此，總之在這次的例子中，你就想成是類似加法中的加號吧。再下一步將「……為真」表示成「＝1」，那麼「『吃掉蛋糕的是老媽或（吃掉蛋糕的）是老妹』為真」，表示為式子就是P＋Q＝1。

嗯嗯。

此處是重點

將句子置換成符號就看清楚它的「推論形式」，對於不懂的符號也要去熟悉它。

第**2**部　利用電來實現運算機制

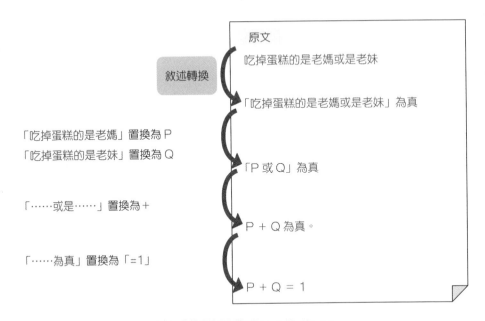

原文

吃掉蛋糕的是老媽或是老妹

敘述轉換

「吃掉蛋糕的是老媽或是老妹」為真

「吃掉蛋糕的是老媽」置換為 P
「吃掉蛋糕的是老妹」置換為 Q

「P 或 Q」為真

「……或是……」置換為 +

P + Q 為真。

「……為真」置換為「＝1」

P + Q ＝ 1

字句置換為式子（前提 1）

接著將「吃掉蛋糕的不是老媽」置換成式子，置換之前同樣先轉換句子的敘述，把「吃掉蛋糕的不是老媽」轉為「『吃掉蛋糕的是老媽』為假」。

「假」指的是「真」的相反面嗎？

追加重點！

為了簡化說明，此處直接將原文的「不是老媽」轉換其敘述為「『是老媽』為假」。若要採用和前提 1 相同的手法，或許我們應將其轉為「『不是老媽』為真」，但這兩種結果都是一樣的，詳細理由將於後面說明。

是的，通俗的講法就像「這是謊言」或「這不對」，再來就和前面一樣，把「吃掉蛋糕的是老媽」置換為P，最後的「為假」轉為「＝0」，就得出「P＝0」這個式子了。

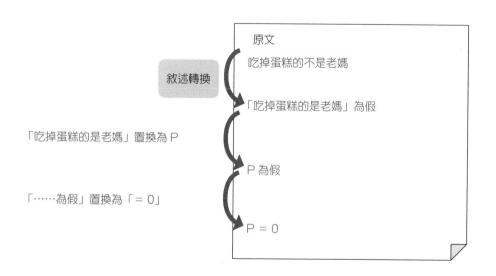

將字句替換為式子（前提 2）

來吧，現在起是個普通的數學題：P＋Q＝1，當P＝0時Q是多少？

 這……照平常的方法來做可以吧？P＋Q＝1 而 P＝0，所以嘛…… Q 是「0 加上某數等於 1」，那我覺得 Q 就只能是 1 了，也就是 Q＝1 對吧？

答對了，我們前面用了Q來代表「吃掉蛋糕的是老妹」，而Q＝1就代表「Q為真」，因此得出了「『吃掉蛋糕的是老妹』為真」之結果。

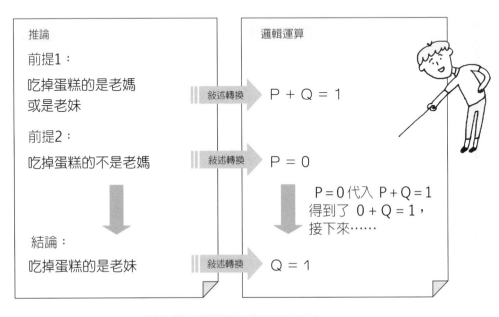

推論和邏輯運算之對照

 啊！真的耶！只用一個普通的計算，剛才的推論就得出結果了，我覺得有點不可思議啊！

這裡要注意的是「或是」所置換成的「＋」很像數學加法中所用到的加號，其意義不盡相同。數學加法透過了「＋」結合了被加數與加數，這樣一來結果就會成為下面這樣：

數學加法

P	Q	P + Q
1	1	2
1	0	1
0	1	1
0	0	0

「+」的意義相當於數學加法的「加號」

相較之下，代表「或是」的「+」計算方式如下，請留意1＋1的結果：

「or」邏輯運算

P	Q	P + Q（又寫做 P ∨ Q）
1	1	1
1	0	1
0	1	1
0	0	0

「+」的意義相當於字句裡的「或是」

1＋1會是1？好奇怪喔。

你大概覺得很怪吧？不過布爾為了要能表達出「或是」的涵義，於是創造了一個新的「+」符號出來，此處所講的1和0，分別對應到字句中的「真」和「假」，換言之，所謂的「邏輯運算」是「運算機制」的一種，用以實現所謂的「正確推論」。現在這個代表「或是」的「+」經常會改用「∨」來替代，目的是不要和數學加法的「+」搞混。

那就不能想成是單純的數學加法啦，兩個長得很像，但卻又是不同的計算方式。

　　沒錯，各種數的加減乘除，統稱為「數學運算」，相較之下，用於表達推論的計算稱為「邏輯運算」，這是本章講至目前為止的內容，前後兩者是有差別的。以「或是」為基礎的計算，是「邏輯運算」其中的一種類型，

嗯嗯。

　　除此之外，布爾也考慮過「而且」這個詞要如何計算，它相當於英文「and」。他認為0和1之間的數學乘法用在此處是沒問題的，因此採用了「×」這符號，而今天我們多數採用「∧」符號以避免搞混：

「and」邏輯運算

P	Q	P×Q(又寫做 P∧Q)
1	1	1
1	0	0
0	1	0
0	0	0

此處是重點

數的計算又稱做「數學運算」，而表達推論的計算就稱為「邏輯運算」。

另外還有一個「not」，它相當於英文的「並非」或「沒有」，布爾同樣考慮過這點。不同於「and」以及「or」是由兩個數得出一個結果，這裡的「not」僅由一個數即可得出結果：

「not」邏輯運算

P	¬P
1	0
0	1

「¬」的意義相當於字句裡的「並非」或「不是」

剛才我們先把前提2原文中「吃掉蛋糕的不是老媽」轉換為「『吃掉蛋糕的是老媽』為假」，接著改寫為式子「P＝0」，不過仔細一看，其轉換過程和前提1並不一致。

要採用和前提1相同的轉換過程，所需要的是一句「『吃掉蛋糕的不是老媽』為真」，但我們可以預先否定這項前提，就是在「吃掉蛋糕的是老媽」前面補上一句「沒有」，這一來便產生出「『沒有』『吃掉蛋糕的是老媽』為真」這種句子。

因此前提2的「『吃掉蛋糕的不是老媽』為真」可以直接轉為「¬P＝1」而非「P＝0」。由上表得知，「¬P＝1」只有在「P＝0」的時候才成立，最後仍舊得出了「P＝0」這個結果。

透過and、or、not等邏輯運算機制，便能實現我們的推論過程，這種機制稱之為布林代數（Boolean Algebra），在電腦發展上是個巨大的推手。

追加重點！

有興趣鑽研布林代數的讀者，推薦Raymond Smullyan的《史馬利昂老師的布林代數入門》（川邊治之譯，共立出版）

邏輯電路：邏輯學與工程學的相遇

　　布爾在19世紀中葉就提出了「以計算來表示推論過程」這個構想，而到了20世紀前半，一種稱之為繼電器（Relay）的零件開始廣泛用在各式機器上，其中「如何製造內含繼電器的機器裝置」在工科領域中便成為一項問題，這樣一來，工程學便和剛才所講的「布林代數」搭上線了。

　　呃……是什麼「繼電器」啊？我看過人類運動會中有100公尺接力賽（Relay），這兩者有什麼關係嗎？

　　我認為它和運動比賽的100公尺接力確有共通之處，所以才用到相同的名稱。先來解釋一下機器裡的繼電器，是指利用電磁鐵所進行的自動開關操作。

　　「電磁鐵」又是什麼啊？是吸鐵嗎？

　　是啊，像是鐵之類的金屬棒，上頭纏繞著電線，只要一通電就會變成磁鐵了，不過也只有這種情況下才具有磁力，等於是「有了電才叫做磁鐵」，所謂的「繼電器」則是由電磁鐵和開關所組合而成的。

　　下圖中的繼電器，原本開關2是沒有打開的，一旦啓動了開關1，電流進入電磁鐵產生磁力後，開關2受到吸引便自動將自己給開啓了。要是把開關1切斷，開關2便回到原本的位置而斷電：

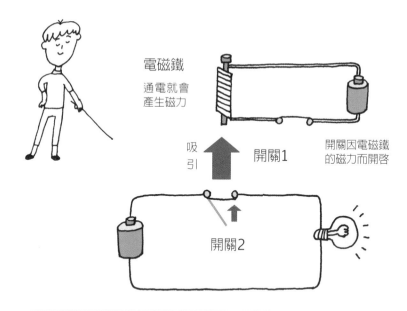

電磁鐵

通電就會
產生磁力

吸
引

開關1

開關因電磁鐵
的磁力而開啟

開關2

原來是這樣，啓動開關1就等於啓動了開關2吧？

　　運用繼電器可以控制大電流的危險開關，或是隔遠操作開關而不必直接碰觸到它，而驅動單一開關亦可使複數開關同時動作，這是非常方便的。就算到了今天，很多工業產品仍舊在使用繼電器。

　　不過繼電器在電腦領域之所以重要，是因為它能用來實現運算的機制，1930年後期，人們發現它不光是個方便的零件，在計算方面亦可發揮其用處，當時世界各地分別有好幾組的優秀人員，各自都發現到「繼電器裝置的

此處是重點

「電磁鐵」是一種通電會產生磁力的磁鐵，「繼電器」是利用電磁鐵來控制開關的設備。

設計」和「布林代數」之間有所關聯，而所謂的關聯，就如之前講解過的「以開關操作來實現二進制數字計算」。

 這種故事常聽到啊，偶爾會有人在同一時期發現同樣的事物。

　　人類明白了繼電器與布林代數之間的關聯，而在眾多研究成果中，最出名的便屬美國的夏農（Claude Elwood Shannon）在1938年所寫的論文。他認為只要將開關狀態對應為0和1，即可以繼電器來實現布爾過去所構思的or、and等邏輯運算。

　　例如將開關就下列形式連接起來，當只有X和Y兩者都通電時，電流才會通到Z那裡去。若以1表示通電，0表示斷電，則可寫成X×Y（亦可寫成X∧Y），藉以求出電流是否會通往Z：

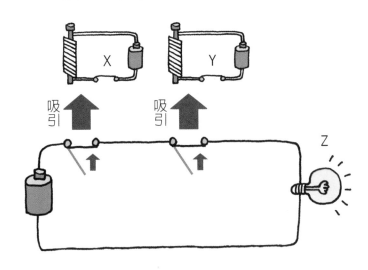

以繼電器構成的 AND 電路

啊！這個前面看過了嘛，這組電路很類似那隻「十分謹慎的妖精」。

沒錯，你記的很清楚，這種構想與之前見到的AND電路是有關聯的，也由於它遵循布林代數中的and邏輯運算，因此這就是一組AND電路。接著來觀察下圖這種開關並聯之情況，只要X及Y任何一方通電，那Z就會通電，以1表示通電，0表示斷電，則可寫成X＋Y（亦作X∧Y）來求出電流是否通往Z：

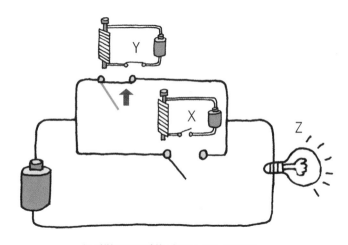

以繼電器構成的 OR 電路

這個是叫OR電路吧？

追加重點！

夏農的論文中，代表電流的數字正好和此處的解說相反，0表示通電，而1表示斷電。

是啊，它遵循布林代數的or邏輯運算，所以是OR電路。

 我們之前看到的「注重平衡的妖精」，有和他相似的電路嗎？長得是什麼樣子？

XOR電路啊？它是由AND及OR電路，再加上某一種電路所組成的，就在之前所談的布林代數裡頭，除了and和or運算之外，記得還有一種是什麼吧？

 呃……抱歉我忘了。

是not運算。

 啊！我想起來了，這個會把 1 變成 0，或是把 0 變成 1 對吧？

對，我們可以製作以下繼電器，功能相當於not邏輯運算：

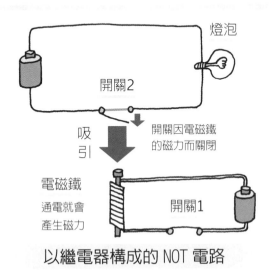

以繼電器構成的 NOT 電路

原來如此，原本上方電路是通電的，不過一旦按下開關 1，電磁鐵的作用就會造成開關 2 斷電。

是的，因此XOR電路是使用AND、OR和NOT電路照以下方式組合而成：

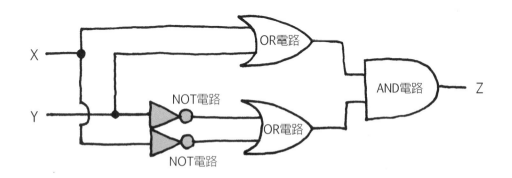

以 AND、OR 和 NOT 電路組合出 XOR 電路

哇！這也太複雜了……

　　的確很複雜，但這樣組起來的繼電器，運作起來正好符合布爾的想法，套用布林代數經由計算，便得出以上正確結果。前面你也見識到了，以布林代數為基礎，透過計算可以實現我們人類的推論，也就是所謂的「思考規則」，但內含繼電器的機器，運作起來亦可預測人類的推論，所使用的就是布林代數的運算。

人類的思考規則和機器的運作？的確，要是照平常的方式來思考，很難想像它們有所關聯耶。

之所以能夠產生關聯，這大概是數學的美妙之處吧。而德國有一位叫康拉特（Konrad Zuse）的人，據說他也和夏農同時期又同時發現繼電器與布林代數間的關聯，而康拉特亦是電腦的先驅機種－－Z1計算機的製作者。

在夏農發表論文的前兩年，也就是1936年，日本的中島章也提出幾乎相同的發現，經過整理並發表到論文當中。但和夏農不同的是，這些近似於布林代數的理論均由中島章個人所獨立建構出來的，聽說他本來不知道布爾也曾做過相同研究，不過在碰到布林代數之後，才驚覺自己的發現居然和布林代數如此吻合。

太厲害了！

好，既然繼電器和布林代數間的關係都弄清楚了，接下來人們便嘗試以繼電器來進行數的計算，這也是前面我解釋過的「利用電來實現運算機制」，現在終於踏出第一步了。

走到了這一步，「利用電來計算」終於要登場了啊。

這條路真的很漫長，人們透過夏農等學者之研究，將布爾所提出的「1和0」，也就是代表「真和假」之二元狀態，對應成繼電器中的開關切換（通

追加重點！
有關中島章的成就，請至資訊處理學會主頁「IPSJ電腦博物館」，內含針對本人之報導。（邏輯分歧理論 / 繼電器電路網理論 / 邏輯數學理論）
http://museum.ipsj.or.jp/computer/dawn/0002.html

電及斷電）。這就與「以二進制所表達的數」產生出關聯，「利用電來做計算」的點子隨後就冒出來了。

不管「真和假」或是「繼電器中的開關切換」，還有二進制數字全都是 1 和 0 呢！

在夏農研究論文發表的同一時期，美國貝爾實驗室的史提比茲（George Robert Stibitz）就在自家廚房製作二進制加法的繼電器。聽說因為是在廚房製造的，他便以自己配偶的名字為機器命名為「Model-K」。史提比茲與夏農過去身處同一間研究所，看來彼此都知道對方做了些什麼研究。

開關愈來愈快，愈做愈小……
從繼電器到真空管，再來到半導體

自此之後，世界各地都開始採用繼電器來製造電腦。前面談過德國的康拉特，他的Z1系列機種可說是繼電器電腦之先鋒。此外哈瓦德（Howard Hathaway Aiken）的「Harvard Mark I」等電腦也有其知名度，一般人都說這是世上最初採用電力的全自動計算機，據說運作的時候，發出的聲音如同房內擠滿婦女同時開始編織衣服[※]，人們所聽到的大概是開關切換時發出的聲響吧。

那今天的電腦裡頭也有你講的那種繼電器嗎？

追加重點

※關於此部分，有興趣的讀者可參考《電腦200年的歷史》（Campbell Kelly、Martin Aspray, William著，海文堂）引用自72頁。

第 2 部　利用電來實現運算機制

不，繼電器計算機在第二次世界大戰中，已經被真空管（Vacuum Tube）計算機所取代了。

什麼？真空管？

真空管和繼電器一樣，也是個負責開關工作的零件，但比起繼電器，它能以更快的速度切換開關。剛才看到的繼電器，其中能量要經過一次轉換，也就是先由電力轉換為吸引開關的磁力，再以這種力進行開關切換。比較起來，真空管內是直接操作電流來進行開關切換的。

直接操作電流？有可能嗎？

可以的，我們講「物質中有電在流動」，不過你可知道實際上是什麼東西在流動嗎？

呃？不就是電嗎？

其實流動的是一種叫做「電子」的東西，電子由負極流向正極，這時我們會說「電流由正極流向負極」。所謂的操作電流，指的是控制電子的動向。

這個嘛，我還是不太懂耶。

實際來觀察真空管如何運作吧，這零件長得是這個樣
子的：

 怎麼像支燈泡啊？

沒錯，真空管玻璃內是真空的，其中還裝有好幾支電
極。雖說它的類型有很多種，不過你先來瞧瞧，這是各裝
有一支正負電極的真空管：

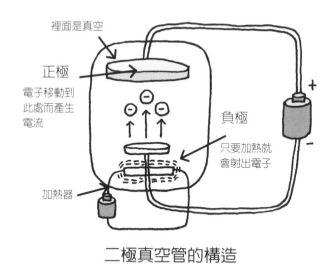

裡面是真空

正極
電子移動到
此處而產生
電流

負極
只要加熱就
會射出電子

加熱器

二極真空管的構造

 裡面還有一個「加熱器」喔？

第 2 部　利用電來實現運算機制

這個「加熱器」是為了加熱負極而設的，負極由一種遇熱後會釋出電子的材質所製成，只要電極溫度上升，持續射出的電子便會朝正極移動，因而造成電流產生。而空氣的存在會妨礙電子活動，因此內部要保持真空狀態。

 嗯嗯。

需要維持電流方向時會用到二極真空管，不過要做到繼電器般的開關功能，那就必須多一支電極，下圖是個擁有三電極的真空管：

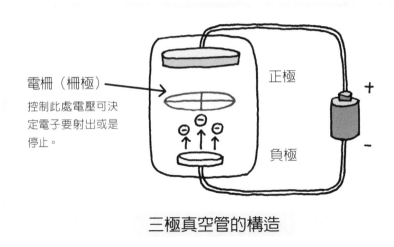

電柵（柵極）
控制此處電壓可決定電子要射出或是停止。

正極

＋

負極

－

三極真空管的構造

 多加了一個叫做電柵（Grid）的東西耶。

是的，電柵就是第三個電極，針對此處來調整電壓，電子可以輕易由負極移動到正極，相反地亦可使電子不產生移動，換言之，電柵負責的是開關的工作。由於施加給電柵的電壓不需要太高，在電流控制方面是很有效率的。

這……概括來說，只要給電柵一點點電流，就能加大真空管的電流或讓它停下來，你是這個意思吧？

對，像這樣以電本身來操控電流是十分便利的。之前的繼電器，因為電力要經過一次轉換成為磁力來吸引開關，這樣不光是耗時，所需的電力也比較大。但只要利用真空管，它切換開關速度之快，比起繼電器可是要高出一個層次的，而且所需電力也明顯少了很多。

既然如此，採用真空管來製造計算機，這樣的點子冒出來也是理所當然的吧？

是啊，但要實現它可是非常不容易的，當時在世界大戰下的德國，曾與康拉特共事開發計算機的賀穆特（Helmut Schreyer）就曾研發過使用真空管的機種，另外美國愛荷華州立大學的阿坦納索夫教授（John Vincent Atanasoff）與他的學生貝瑞（Clifford Berry）也一同製作真空管計算機。但這些人應該都沒做出具實用性的完成品，也沒留下任何實體機器。那時真空管屬於高價位零件，加上具實用性的機種，在製作上也得消耗龐大的電力，就因這點，以小規模研究人員所組成的團隊，其研發最終僅能到達設計或試作階段而已。

此處是重點

真空管僅靠電力便可控制電流，因此開關能夠迅速切換，消耗的電力也比較少。

況且當時國家又處於戰爭狀態，諸如研究員被徵召上前線，或是研究機構轉做軍事用途等等，這些讓開發不得不中斷的情況據說也經常發生。

　　是喔？就算有好點子，但要實現簡直比登天還難啊。

　　是啊，這導致二戰時期的計算機當中，只有在國家以打仗為目的，出資贊助下完成的機種，才符合所謂「人類史上最初具實用性的電子計算機」，其中之一是英國的Colossus，其二是美國的ENIAC。Colossus據說是用來解讀敵方德國的軍事密碼，還有天才數學家亞蘭圖靈（Alan Mathieson Turing）參與開發，它應用於破解密碼方面，其成就大大影響了二戰的局勢，有人說要是沒有這台機器，人類可能走向完全不同的歷史道路吧。

　　原來計算機決定了人類的歷史啊？

　　美國的ENIAC也是一樣，它是為計算飛彈軌道所開發出來的，其核心人物為賓州大學的研究員艾科特（Pres Eckert）以及摩克利（John William Mauchly）兩人。他們向軍方提出電子計算機的構想，在合作開發之下於1946年完成。

　　1946年？二戰不是結束了嗎？他們該不會沒趕上戰爭吧？

　　對，他們是沒趕上，但據說ENIAC本身在運用上仍保持在第一線直至1955年為止。它寬度有24公尺，高2.5公尺，深則有0.9公尺那麼厚，重量有30公噸，還用上多達18000支真空管。經過艾科特的努力，真空管故障率每

周大概僅有2至3支而不影響機器的運行。就算到了今天，我們只要講到「世上最早的電腦」，很多人都會提及ENIAC這個名字。

 是喔？既然製造電腦需要用到真空管，我得把它帶回到妖精世界⋯⋯

慢著！我話還沒講完！後來沒多久真空管就被取代了，替代它的是一種以「半導體」為材料的零件。

 咦？這次又來個「半導體」了喔？不是繼電器或是真空管嗎？

所謂半導體，字面意思就是「部分導電的物體」，它是一種介於容易導電的「良導體」和難以導電的「絕緣體」之中間物質。因為這種特性，我們將它與其他物質混合，便可賦予它各式各樣的性質。

 呃呃⋯⋯我搞不太懂，感覺像嘗起來沒什麼味道的食物可以調出各種口味是嗎？還有，臉長得很普通的人，比較容易靠化妝來個大變身⋯⋯之類的。

半導體摻加了其他物質，便可製造出具有大量電子、中量電子、以及幾乎無電子存在等三種部分，將它們組合起來，便成為和真空管功能相同的零

第 **2** 部　利用電來實現運算機制

此處是重點

現在電腦中的電路由半導體所組成，已經用不到繼電器和真空管了。

件了。它在電流產生的當下會使電子朝單一方向前進，或是加大電流等等。電晶體（Transistor）就是半導體零件中的一類，它擁有的三個電極可用於增強電流，我們會利用它做為電路裡的開關：

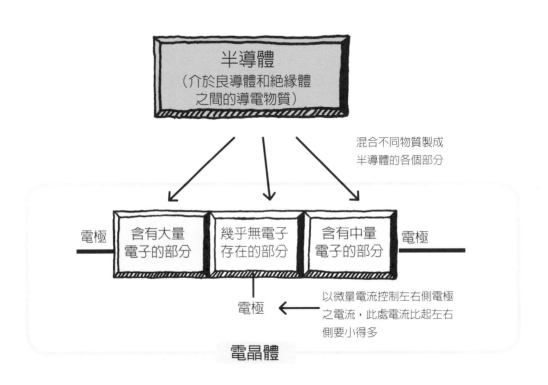

混合不同物質製成
半導體的各個部分

電極　含有大量電子的部分　幾乎無電子存在的部分　含有中量電子的部分　電極

電極

以微量電流控制左右側電極
之電流，此處電流比起左右
側要小得多

電晶體

　　和真空管不同，運用半導體的零件可以做得又小又省電，通斷電之間的切換速度也明顯較真空管快上許多。相較過去，今天的電腦不只跑得快，體積也縮小到能夠搬運的程度，這都要歸功於以半導體為材料的電路。今天電腦在運算機制上的構想雖和過去無太大差異，但因採用不同的開關及電路元件，這倒是大大改變了電腦的性能及其尺寸。

喔喔，原來是這樣啊。我懂了，雖然不知道妖精世界有沒有像半導體之類的材料，不過我會努力找出來的。只要找到了，電腦就一定能做出來啦！

還有邏輯學，還有運用邏輯學來做計算的電路，這些都別忘了告訴大家啊！這次我可以說，你們可以生出電腦了。

真是感謝，那這次真的要說再見了！

第 **2** 部 利用電來實現運算機制

又過了好幾天⋯⋯

抱歉啊，我又來啦！
電腦還是弄不出來啊！

——哇！你怎麼又冒出來了？還有什麼問題嗎？

是啊，之前你教我的「邏輯學」、「電路」還有「半導體」，我把這些告訴大家，而且又和長老們談過了，神明再次將時間調快200年左右，不過⋯⋯

——還是沒做出來嗎？

對啊，這是怎麼回事？時間調快的結果，我們的數學技術又有進展了，現在的世界是這個樣子的：

——之前是黑白照片，而這次是彩色的呢！我來瞧瞧⋯⋯喔喔！蓋了好多高樓，又鋪了路，路上還有汽車和電車在跑呢！

　　沒錯，差不多接近目前人類的世界了，不過仍舊沒有電腦。

──唔……怎麼回事呢？那你們有把「掌上計算機」給做出來嗎？

　　有啊，加減乘除之類的機種有發明出來，裡頭是利用電來實現運算功能，如同你之前教我的一樣。還用到類似「半導體」的材料，所以體積非常之小。

──都發展到這種程度了，怎麼還沒有電腦呢？該不會……你們腦中都沒有「程式」的概念嗎？

　　程式？我在人類世界有聽過，到底那是什麼東西啊？

──好，那這次就從程式部分來講解吧。

什麼是程式？

第 **6** 章 對電腦下達指令

電腦之所以是電腦的理由

我先問你，電腦和掌上計算機差別在哪裡呢？

> 這⋯⋯掌上計算機能做的是加減法等各種計算，但對電腦來說，它能夠處理的事情還要更多。至於「還要更多」是指哪些事情，我也說不太上來⋯⋯

沒錯，計算機可以勝任加減法等計算工作，不過我們只要運用電腦就可以處理更多的事情，前面看到的影像、文字及聲音的處理便是其一，在「數」的計算方面亦同。電腦能做的不光是加減法，比如「梯形面積」、「體脂」還是「汽油相關稅金」等各種計算工作，應付起來完全不是問題。

> 但光有一台機器，要怎麼應付那麼多種類的計算啊？

你認為呢？要是只有一台機器能用，眼前又有「梯形面積」、「體脂」再加上「汽油相關稅金」等等一堆計算工作等著你，你該怎麼做才好？

啊！我懂啦！把計算「梯形面積」、「體脂」及「汽油相關稅金」的這幾種零件分別製作出來，最後再組成一台機器，如何？

這樣喔？要是那麼做，萬一你想計算個新的東西，每次都得弄個新零件出來。例如要計算「溫濕度所帶來的舒適度指數」，那你必須要造出專門用於計算舒適度指數的零件了。

是啊，看來實在麻煩。

看看下面的數學式子吧：

計算梯形面積
梯形面積＝（上底＋下底）×高÷2

計算體脂
體脂率＝（4.570 ÷身體密度－4.142）× 100

計算汽油相關稅金（消費稅）※
消費稅 ＝（汽油單價＋汽油稅＋石油稅）×消費稅率

各種計算式

※譯註：日本國內案例

這……人家對數學式不是很在行，雖然感覺計算方面多少也習慣了，不過心裡還是蠻討厭的。

但仔細觀察上面的式子，你有發現到什麼嗎？

唔……眼睛都花了啊……咦？仔細看看，裡面就只有加減乘除耶！要真如此，就連我也會算啦！

沒錯，也就是說，上面不論是哪一組計算式，只要透過加減乘除的組合就能得出答案了。像是梯形面積的計算，你會用什麼順序來做呢？

這個噢，梯形面積＝（上底＋下底）× 高 ÷ 2，所以呢……

1. 上底和下底相加。
2. 將相加的結果乘以高。
3. 再將乘以高的結果除以2。

是的，我們這樣來思考：要是有台機器能處理加減乘除等「四則運算」，並具備上述般「讓機器依序執行運算」的機制，那它就能用來算梯形面積了。

原來如此，重點在於：機器雖然會的計算種類沒那麼多，但藉由各種算法的拼湊組合，如此便可應付許多種類的計算了。

把計算的順序寫下來，這就稱為程式（Program）。例如「相加後再將結果乘以3……」，而現今我們使用的電腦亦是遵照「程式」來執行運算的。

> Program喔？這個單字我在其他地方聽過，像學校運動會之類的，裡頭也有「活動程序」對吧？

的確有相似的地方，像運動會的程序同樣也是「先是人員進場，再來是校長開幕致詞，接下來學生代表宣誓，還有100公尺短跑以及土風舞表演」。將準備要處理的事情依序寫出來，就這方面確有共通之處。

如何對機器下達指令？

> 不過要如何讓電腦讀懂「程式」啊？用人類語言所寫的指令，電腦看得懂嗎？

電腦無法直接理解我們以自己的語言所寫的指令，但要是傳達給電腦中樞的是「數」或是文字資訊時，那又會如何呢？

> 用的是二進制數字吧？把它轉為電子訊號，例如1是通電，0是斷電……

針對電腦下達指令也是一樣的做法，將指令以二進制數字寫出來再轉為電子訊號，接著我們就會將它傳送給電腦中樞。

第 **3** 部　什麼是程式

此處是重點

依序將計算步驟寫下來，這就是所謂的「程式」，透過一些基本數學運算的組合，就算再困難的計算電腦也能應對。

換言之，諸如加減法之類的指令，電腦中都有和它們相對應的二進制「語言」。

是喔？但所有指令都是用0和1兩種數字的組合來寫成，會不會太麻煩了啊？而且想對電腦下指令的人，還得把所有指令背起來才行吧？像是100110……這到底是什麼指令啊？

至少今天人們不太會直接撰寫或操作這種指令了，而是改採近似人類語言的工具語言來撰寫，以下範例是這種語言的其中一種：

```
import java,util,Scanner;
import java,lang,Math;

public class Ketasuu{
        public static void main(String[] args){
                Scanner stdln = new Scanner(System,in);
                Int n:
                System,out,println("求n的位數。");
                do{
                        System,out, println("請輸入0以上的整數。");
                        System,out,print( "n的值:");
                        n＝stdln,nextint():
                }while(n<0);

                int keta;
                if(n==0){
                        keta=1;
                }else{
                        double d=n;
                        keta=(int)Math,log10(d)＋1 ;
                }
                System,out,println("這個數有" + keta + "位數");
        }
}
```

以高階程式語言所撰寫的程式範例

什麼啊？不懂不懂！

　　是喔？用心去看看，有些地方你也懂的吧？比方說最中間的部份有個「if」，它是個代表「條件」的指令，和英文中的「if」類似。

是啊，英文我會一些，if 是「如果」的意思吧？還有像「＝」和「＋」之類的我也懂。

　　這些稱之為「高階程式語言」，用這種語言所寫出的程式，雖然沒認真學習還是有很多地方看不懂，不過相較於只有0和1的程式，你一看多少也明白程式要表達什麼，而且就視覺上來說是十分容易處理的。

是啊，至少看上去不再令人眼花撩亂了，但就算對人類來說容易懂，機器自己可就弄不明白了吧？接收的一方是機器，那不就只會接收0和1，也就是只懂通電、斷電這兩種電子訊號吧？

　　以高階程式語言所撰寫的程式會「翻譯」成0和1所構成的程式，這個翻譯工作稱為編譯（Compile）。

追加重點

由0和1所撰寫的電腦指令也被稱為「機械碼」或「機器語言」。

第**3**部　什麼是程式

```
import java,util,Scanner;
import java,lang,Math;

public class Ketasuu{
        public static void main(String[] args){
                Scanner stdln = new
                Scanner(System,in);
                Int n
```

使用高階程式語言所撰寫的
程式，因為接近人的語言，
就人類來說是容易理解的。

編譯

```
1010101111100000011100011000100110
1100000011100011000100110110001101
0110001001101100011010110001001101
1000110101100010011011000110101100
0100110110001101011000100110110001
1011110111111111111001001100000010
1111111001001100101010111110000001
1100011000100110110000001110001100
0100110110001101000111010011001010
```

由0和1所構成的程式。
轉換成電子訊號後傳送
給電腦中樞

將高階程式語言所撰寫的程式
翻譯為 0 和 1 所構成的程式（編譯）

近似人類語言的「高階程式語言」被翻譯成電腦的語言啊？
原來是這樣。

追加重點！

有兩種元件可將高階程式語言翻譯為機械語言，其一是程式執行之前，將所有程式碼翻譯（編譯）成機械語言，這叫做編譯器（Compiler），其二是程式執行途中才會進行翻譯，稱之為直譯器（Interpreter）。

第 **7** 章　接收指令的機制

CPU：假設電腦中樞是個住有妖精的房間

 不過電腦為何會依照程式來運作呢？總不會有我們的妖精夥伴在裡頭，電腦就會照程序來幫忙我們工作吧？

　　太會想像了啦……不過機器裡頭可沒有妖精，想知道電腦為何有這種機制，你得要明白電腦的中樞，也就是CPU這部位的構造。

 感覺好像聽過CPU這個單字，不過講到構造……看來不太簡單耶。

　　若你想知道的是「憑一己之力組裝出CPU」這種程度，那還真不是件簡單的事，但若只想了解CPU在電腦中所負責的工作，以及它是如何運作的，這完全不會難啊。

追加重點！

　　CPU是Central Processing Unit的簡稱，又叫做「中央處理器」。

可是你談到機器內部的情況，這方面能不能理解，我可沒信心啊。

這樣喔？反正你就把CPU想成是一個房間或是工作室吧，其中有負責各種職務的妖精正在幹活。

你前面不是才說我「裡面有什麼妖精的，太會想像了」這些話嗎？

哈哈哈，當然不會是妖精了，CPU內部只有本書第二部所見到的電路在運作，但想要理解各部分負責什麼工作，我認為擬人法是有助於想像的，因此你就暫時以這種方式來思考吧。此處先將CPU想成是「依照外來指令執行運算」的工作室，如果想讓裡面的妖精奉命行事，你認為需要負責哪種工作的妖精呢？

這個嘛……總之要有負責接收指令的吧？

答得不錯，首先的確要有負責接收指令的……正確來說，我們需要的是一隻「幫我們傳送外部指令及資料到CPU內部」的妖精。

「傳送」指令？不是幫我們「接收」指令的嗎？

是，關於這部分之後會再說明，除此之外，還會需要什麼妖精？

呃？負責計算的嗎？

　　是啊，還要一位負責計算工作的妖精，CPU當中負責計算的電路，就如同第二部所見到的數學加法電路一樣，這方面你已經學過了，這隻妖精相當於CPU裡的「運算單元」。

運算單元

執行計算工作

> 唔……可以的話我才不要做這種工作呢，那麼計算和傳送指令的是由不同的妖精來負責嗎？

　　嗯，負責傳送工作的妖精，對應到CPU內的部分稱為「控制單元」。聽上去或許是個艱澀的詞彙，其實它主要工作是幫我們從外部傳送指令及資料至CPU內部，還會將資料由CPU內部送到外頭去，另外還會針對「負責計算的妖精」下達指令。

控制單元

指令及資料溝通並對運算單元下達指令。

> 下達指令給負責計算的妖精？你看像不像人類世界的「居酒屋」店員們所講的話：「給客人來一盤 2 + 3 加法，再來杯 5 - 1 減法」，「收到，非常樂意爲您服務」

　　我說你還去過居酒屋呢……也對，這點或許蠻像的吧。

> 所以重點就是：CPU房間與外部互相溝通，還有下指令給運算單元，這全都是控制單元的主要工作囉？

是啊，控制單元是一位「對外聯絡員」，同時也是一位「職場管理者」。它會幫忙處理計算以外的工作，這一來運算單元便能專心處理計算工作了。

而CPU房內還有一隻「盯著時鐘，每隔一段時間下達工作指令」的妖精。換言之，他負責的是下令所有人開始執行既定數量的工作，再隔一段時間又會叫大家收工告一段落，之後又會叫人開始下個工作，這隻妖精相當於CPU中的計時器（Clock）。

計時器

隔一段時間發出開工及收工的訊號，使工作時程保持一致。

 為什麼要有這種工作啊？

如同上面說明過的，CPU內有許多元件來負責不同的工作，它們是同時運作的，為了使它們做事在時程上保持一致，我們得要有一隻「碼錶」，每隔一段時間發出開工及收工的訊號。有個類似的例子便是管弦樂隊，裡面許多人分別以不同的樂器來演奏同一首樂曲，這樣就需要一名指揮家來完成這件事。比方說，演奏小提琴的人還在拉樂譜上第一小節，演奏大提琴的卻馬上要進入第二小節，這樣一來便組不出美妙的合聲了，而計時器也是同樣的道理。

 原來如此。

我們到此為止已經見識到了「計算」、「和外部做指令及資料溝通，並

此處是重點

CPU中的「運算單元」是負責計算工作，「控制單元」是與外部做指令和資料溝通，並下達計算指令給「運算單元」。

下達計算指令」以及「看著時鐘下達工作指令」這三種職務的妖精了，接下來思考一下關於CPU房間內的「工作設備」，而妖精的話題就此打住吧。

 工作設備？

嗯，就常識來說，無論是處理什麼樣工作的房間，裡頭總會有空間來擺放工作所需的物品吧？

 對啊，若是調理餐點的地方，就會有爐台或是流理台之類的設備囉？

CPU內會有空間來存放「下一步計算會用到的資料」和「計算過程中的臨時性結果和最終結果」以及「取自外部的指令」等等，這些空間稱之為暫存器（Register）。控制單元會將來自CPU外部的指令及數值放在暫存器內，而運算單元會對其中的數值進行計算，再將計算結果放回到暫存器內，之後控制單元又會將資料移出CPU之外。

 原來是這樣，感覺像個工作平台呢。

不過暫存器所負責的事情，除了提供一個單純放置資料的空間，還有就是顯示目前的工作狀態，尤如一面公告欄。例如「接下來請執行編號為○○的工作」，這就代表下一個指令編號是多少，又例如像「剛才計算結果為負數不為正數」，代表的是計算到一半的臨時性結果。

 為什麼需要這種公告欄啊？

主要是為了讓控制單元清楚了解指令流程及動向，有一種暫存器會顯示下個要執行的指令編號，稱做指令暫存器（Program Counter），平時它的值會隨指令的執行逐一遞增，要是編號為0的指令完成了，接下來會執行編號1的指令，再來是2……以這種方式來運作。不過有時流程會產生變化，那是因為出現了「請跳躍至100號指令」或是「若剛才計算結果為負，則跳躍至245號指令」這種改變流程的指令，諸如以上原因，我們得要有一面「公告欄」藉以了解執行的流程狀況。

旗標暫存器(公告欄)
顯示工作狀態

指令暫存器...
顯示下個指令在哪裡

CPU房間
內的狀況

下個指令編號
是10110001

計時器

由外部送來的
指令及資料

請加總
暫存器
A及B
的值

剛才計算
結果為負

運算單元

指令內容
顯示目前工作

10　01

控制單元

送去外部的資料
(計算結果)

用於計算的暫存器
存放計算用的資料及結果

此處是重點
CPU中的「暫存器」會暫時存放要執行的指令和資料，另外還會顯示下個指令的編號，以及計算過程中產生的臨時性結果。

呃？這樣跳來跳去弄得很複雜耶！指令照順序整齊排一排就輕鬆多了不是嗎？

　　但利用跳躍的方式來處理，指令流程就會應狀況而產生改變，就電腦計算工作來說，我們能當它是一把神兵利器，關於這點你待會就能見識到了。

主記憶體：指令與資料共存的地方

　　好，你現在多少能想像CPU房內是什麼樣子了吧？那再來看看CPU「外部」的情況吧！

是啊，我注意到不論是「從外部接收指令」還是「計算結果送到外部」，你從前面開始就一直在講了，究竟「外部」是指什麼啊？

　　對CPU來說，所謂「外部」大致包括兩個項目：其中的一種是叫做主記憶體（Main Memory）的元件，另一種是像鍵盤、螢幕或揚聲器之類的「輸出入裝置」。我從剛才就不斷提到的「傳送指令」或是「送出資料」，其實說的指令和資料的「來源地」及「目的地」，也就是主記憶體，而有時也會簡稱它為「記憶體」。

此處是重點

和CPU交流資訊的是稱為「主記憶體」的儲存元件，指令和資料都是存於主記憶體內。

資料在 CPU 及主記憶體之間互相溝通

記憶體啊？好像聽過耶，不過印象很模糊啊。

記憶體寫成英文就是Memory，是「記憶」的意思，而記憶體也被稱為「儲存元件」。

 用來儲存資料的元件就稱爲記憶體，你的重點是這個嗎？

那樣講雖然沒錯，不過用於儲存的元件可是有很多種的，不管是「記憶體」或者「主記憶體」這些單字，在使用上多是指儲存元件中的某一種。舉例來說，想必你也見過USB隨身碟或是光碟片等設備，這些可以自電腦移除的儲存元件，主要是用於資料的保存和隨身攜帶的。

 沒錯，那些我有看過。

再來，電腦內部也有儲存資料用的磁碟裝置，也就是人家常說的硬碟（Hard Disk），其用途也是用來保存資料，但我們平時見不到它。無論是USB隨身碟或是硬碟，也不問是否可自電腦卸載，這一類的元件全都統稱為「輔助儲存設備」。

相較之下，稱為「主記憶體」或簡稱為「記憶體」的元件，和上述的「輔助儲存設備」完全不同，記憶體是安裝在電腦裡頭，平時也是看不到它的。

 唔……這樣搞得好複雜啊！

總之，接下來我會用「主記憶體」來稱呼CPU的「外部」，這是為了不要和「輔助儲存設備」搞混。它和輔助儲存設備最大的不同，就在於主記憶體「斷電後所儲存的內容會完全消失」。

什麼？電源關了就沒了嗎？

　　嗯，用電腦工作會因為某些意外導致當機，或是斷電等狀況是經常發生的，萬一遇到狀況時沒有確實地「儲存」，那做好的東西就報銷了。

 蠻常有這種人啊，我聽過他們因為這樣而垂頭頓足地說：「辛苦打完卻沒先存檔，整個都沒了啦！」

　　「儲存」的前一刻資料是存在主記憶體內的，但由於斷電後主記憶體的東西會消失，資料也就不復存在。因此透過確實地「儲存」，將資料由主記憶體移往電腦中的硬碟或USB隨身碟之類的「輔助儲存設備」來存放，只要存入這些設備裡，切斷電源資料也不會消失，下一次開機時資料又能重新讀回來了。

 喔……同樣是儲存元件，但「主記憶體」和「輔助儲存設備」的差距竟是如此之遠啊！那為何還需要這種斷電後內容消失的元件呢？我感覺沒有必要吧？

　　這個問題不錯。首先為何斷電後內容會消失？那是因為存在主記憶體裡的東西已經是「電子訊號」了。

 說到電子訊號，就是我們熟悉的「以通電和斷電所表示的資訊」吧？

嗯，因為是電子訊號，一旦不提供電源它就會消失，但另一方面也由於是電子訊號，CPU可以直接進行讀寫，換言之，速度快就是它的方便之處。相對的，輔助儲存設備是透過磁力或光線來儲存的，這點可以稍微參考本書第一部的內容。

是啊是啊，利用磁力方向和有沒有反射光線來儲存資訊的。

對，這些設備是運用磁性物質或是反射光線的凹凸表面進行儲存，就算沒有電力，所記錄的資訊也不會消失。不過儲存在設備上的資訊，使用前都必需將其轉為電子訊號，所花的代價便是資料存取所耗費的時間。

原來如此，主記憶體所存的資訊是電子訊號，所以能夠直接使用，而且是快速的。

是，因此與CPU中控制單元進行溝通的資訊，通常是擺在主記憶體裡，換個方式講，直接和CPU進行「指令」及「資料」溝通的便是主記憶體。

第 **3** 部　什麼是程式

此處是重點
在「主記憶體」裡儲存的資訊是電子訊號，相較之下，「輔助儲存設備」中的資訊是透過磁力或光線等方式來儲存。

第 **8** 章 執行指令

體驗程式的執行

接下來這個章節，你可以稍微體驗到CPU是如何按照程式中所寫的指令來運作。麻煩你來扮演運算和控制單元吧，也就是你要負責「計算」和「CPU及主記憶體之間指令資料的溝通，並下達運算指令」這兩項工作。

呃？是要怎麼做啊？

先準備好鉛筆、橡皮擦和白紙，準備好後把下面的表單抄在紙上：

> ### 指令暫存器的值：第 72 頁
>
> （若無特別指定頁數，指令暫存器的值將逐一增加）
>
> 資料區A※：
>
> 資料區B：

※譯注：資料區A和B相當於CPU內「通用暫存器」的一部分，也就是之前提到過的「用於計算的暫存器」。

上面的表單簡化過許多地方，不過它卻描述了CPU中的一部分，每個項目都相當於前面講解過的「暫存器」。

所謂的「暫存器」是指存放資料的地方，或是像公告欄般的東西吧？

　　是的，表中有寫道：「指令暫存器的值：第72頁」，之前所講的指令暫存器就是指這個，通常隨著指令的執行，它的值會逐一增加。

怎麼那麼麻煩啊？

　　不會的，實際做起來很簡單，總之你翻去書本的第72頁吧，頁面下方的頁數，看看那裡寫了些什麼。

這個嘛……啊，上頭寫了：「將第86頁的值放進資料區A」，這就是所謂的「指令」吧？再來看看86頁……喔喔，頁數旁寫了「2」，那我把它填到「資料區A」，這樣可以吧？

　　是的，寫完之後把「指令暫存器」的值由72改為73吧。

接下來要看73頁囉？嗯……這頁下面寫道：「將第87頁的值放進資料區B」，而87頁頁數旁寫了「3」，把它填進「資料區B」裡面行嗎？

　　對，再來把「指令暫存器」從73改為74。

這……74頁這次是說「將資料區A和資料區B的值相加」。這個嘛……2加3，那「資料區A」就是5了。而「指令暫存器」要從74變為75……75頁上面的指令是「將資料區A的值放進第88頁」，呃……把第88頁寫上5，接下來看76頁……「程式結束」，所以這樣就完成了嗎？

是的，做得不錯。

搬移與運算指令：CPU 和主記憶體間的溝通及運算

剛才是做了什麼事情啊？

如同之前談到的，我請你扮演的是CPU的控制與運算單元，剛才的表格相當於「暫存器」，也就是說「你」再加上「剛才的表格」就等同於CPU了。

喔？CPU就是我啊？

對，而且你還幫我算出 2+3 是多少了，有沒有什麼心得？

老實說，麻煩得很。

是喔？哪方面你覺得麻煩？

這個嘛，要先去翻頁看指令和數值是多少，我認為這點很麻煩啊。

這些小步驟和電腦運算息息相關，其實你翻頁所見到的指令及數值，就相當於存放在主記憶體內的東西。換言之，本書每一頁下方的留白之處，我們都視它為「主記憶體」。

 那就是說，剛才「我」翻頁查看指令還有數值這個動作，就是表現出CPU和主記憶體之間的溝通行為囉？

就是這樣啊，我還特地拿每頁下方的留白處來描述「主記憶體」，是希望你了解它的重點特徵。

 主記憶體的重點特徵是？

就是「將每個存放資料的空間分別配予一個編號」，主記憶體能夠儲存大量由多位數二進制數字所構成的資訊，而我們會給予每個空間一組獨立的編號，這是為了和主記憶體裡其它空間做出區別。

 唔，像是飯店的房間號碼嗎？

這個比喻很好，主記憶體中各個空間所附的編號，稱之為記憶體位址（Memory Address），這樣感覺像主記憶體內部的住址。

是喔，原來是住址啊？剛才「將第86頁的值放進資料區A」以及「將資料區A的值放進第88頁」這些指令，原來是指主記憶體的「住址」，而且還表示資料該去哪裡取用，不過這樣辦起事來感覺繞了一大圈呢。

　　這個指令是用來讓CPU暫存器和主記憶體溝通的，稱為「資料搬移指令」。另一個「將資料區A和資料區B的值相加」是下達計算的指令，所以叫做「運算指令」，這兩個指令是不一樣的。

以跳躍與條件分岐指令來變更流程

　　這次來個稍微複雜點的例子吧：

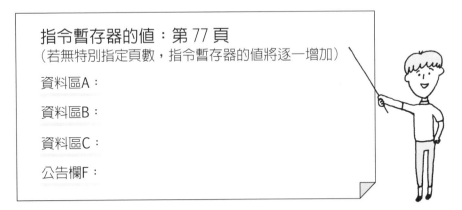

指令暫存器的值：第 77 頁
（若無特別指定頁數，指令暫存器的值將逐一增加）

資料區A：

資料區B：

資料區C：

公告欄F：

此處是重點

主記憶體中存放資訊的空間會附有一組編號，稱做記憶體位址（Memory Address）。

咦？這次有個叫「公告欄F」的東西耶！

　　對，這是暫存器的一種，它代表CPU的運算狀態，專用術語叫旗標暫存器[※]（Flag Register）。這次的例子，資料區A的值一旦小於0，就代表「負號」要登場了。因此計算途中要是資料區A變為負數，我們必需標示出「負號」在公告欄F上。那接下來就從第77頁開始實作吧。

這個嘛，照77頁的指令把5放進資料區A，78頁是叫我把2放進資料區B，79頁是把資料區C填上0，那80頁裡⋯⋯5減掉2，資料區A的值就變成了3，沒有小於0，那公告欄F就不必標出「負號」，所以略過81頁的指令。再來，照82頁的指令，資料區C的值會從0變成1，而83頁是要跳躍到80頁，呃⋯⋯從這邊開始又要從頭做一遍嗎？

　　對的，你就照83頁的指令將上面表格中「指令暫存器」的值設為80。

眞麻煩⋯⋯嗯，這次是3減掉2，資料區A的值變成1了，它沒有小於0，那公告欄F還是不用標出「負號」，所以略過81頁。82頁會讓資料區C從1變成2，83頁要跳到80頁，又重覆了⋯⋯

※譯注：「旗標暫存器」還可以標示其他狀態，例如計算時是否產生進位。

加油吧，就剩一點了。

這次是1減掉2，資料區A變成-1……啊！第一次變成負數了，這樣就要在公告欄F標出「負號」，照81頁所說，當公告欄F出現「負號」時要跳躍到第84頁，這個嘛……84頁是「將資料區C的值放進第90頁」，剛才資料區C的值是2，那就把它填進90頁裡囉。接下來是85頁……算完了！好哇！

辛苦你了！

累死人了……最後到底在算些什麼啊？

你不懂嗎？要是不懂就把88和89頁填入其他值來試試，再來看看90頁會是多少，不過填的必須是正數。

唔……填進10和5的時候會得到2，填進14和3得到4，8和5的話就是1……結論就是：這隻程式幫我數了88和89頁之間相減過多少次，並把答案放進第90頁，是嗎？

是的，所以剛才從77頁開始的一連串指令，可以算出正整數之間相除的商（小數部分不計）。

啊啊！是除法喔？

想要求出正整數之間相除的商，就是重覆將被除數減去除數，在被除數

變成0之前，數一數做了多少次減法就可以了。剛才一連串的指令，其中用到了「跳躍指令」，它可讓電腦實現迴圈（Loop）的功能，也就是叫電腦不斷地執行同一段程式。

啊啊！就是83頁的「跳躍至第80頁」這個指令嘛。

嗯，另外若要離開迴圈，也是會用到跳躍指令。

呃，81頁的「若公告欄F出現負號則跳躍至第84頁」，指的就是這個指令吧？前往第84頁後，接下來到85頁就可以結束了。

是啊，以剛才的方式求商，減出來答案若為負數就得停止了，這時去查看公告欄F，也就是查看「旗標暫存器」來判斷是否繼續執行迴圈抑或停止，這種時候，便會用上剛才81頁那樣的「有條件跳躍指令」。

原來如此，判斷是否需要跳躍時就會用到了吧？這個公告欄F。

對電腦下達的指令不會一直按照記憶體位址的順序來執行，有可能因跳躍指令，使得指令流程產生改變。就這點來說，電腦能做的事情可是相當多元的。

此處是重點

程式內部可以重覆執行相同的指令，也可以跳到遠處的指令來執行，如此相互配合之下，可以處理的事情就很多了。

第 **3** 部　什麼是程式

第9章　電腦的誕生

「指令與資料共存」所帶來的震憾

　　進行到這裡，想必你已經清楚電腦是個什麼玩意兒了，但主記憶體裡並非只有資料，其中還包含了程式，也就是所謂的指令。其實就現今的電腦而言，這可是個重要的啟蒙要素。

　　是喔？我倒覺得這沒啥了不起的吧？

　　「電腦的發明人是誰」確是個大難題，要回答的話，人們經常會提到一個名字，那就是數學家諾依曼（John von Neumann），為什麼都說他是電腦發明人呢？因為「同時將程式與資料放入主記憶體來運作」的構想是由他發表出來的。

　　也就是說，想到這點子的人等同是電腦的創造者，是這樣嗎？

　　差不多是的，先將程式載入主記憶體再執行的構想，成了「電腦」這種機器出現在世上的關鍵。前面的章節，我談到二戰時期所製造的ENIAC，你還記得吧？

呃……ENIAC是用一大堆「真空管」所製造出來的電腦吧？

　　對，ENIAC是由真空管製成的電動計算機，它的發明是用來計算飛彈軌道的。前面我也提到過賓州大學的艾科特與摩克利，他們兩人是製作ENIAC的核心人物。據說諾依曼是在開發ENIAC途中才加入該團隊，而且還參與過有關ENIAC的後續機種 ── EDVAC的設計研討會。

你說的「ENIAC」或「EDVAC」，名字都太像了，害我都搞混啦！

　　EDVAC改善了ENIAC的許多缺點，其中一個大問題就在於「如何讓計算機去讀取程式」。

那是很大的問題嗎？

　　當然了，原本「程式」這種構想，普遍認知是起源於19世紀的數學家巴貝吉（Charles Babbage）。巴貝吉最早想做一台能計算多項式的齒輪式計算機 ── 差分器（Difference Engine），雖然得到來自英國政府當局的資金贊助，可惜的是機器未能完成。

　　但他卻以此經驗為基礎來構思新的計算機：「我只要用一台機器，就能夠讓它自動執行各種計算」。換言之，這是台供我們使喚的機器，叫它去讀取程式，又叫它去進行雜七雜八的計算工作。

巴貝吉把這種機器稱為分析器
（Analytical Engine），據聞當時是藉
由右圖這種打了孔的卡片，讓機器去
把程式給讀進來。

咦？這種「打孔卡片」要怎
麼樣對機器下指令啊？

「二元狀態」經過組合後可以表示各種事物，你沒忘掉吧？

啊！對喔，只要有二進制數字裡的0和1，東拼西湊起來就能代表很多
東西了啊。

同樣的道理，藉由「開孔」和「無孔」的組合亦可表示很多事物，當然
也包括對機器所下達的指令。聽說巴貝吉是從加卡德（Jacquard）織布機上
得到啓發，才將打孔卡片用於機器上，該織布機採用一種有孔的卡片來匯入
布紋的花樣，這樣就能編織出帶有各式花色的紡織品了。

是喔？居然是從紡織品取經啊？

不過巴貝吉的分析器同樣沒能完成，所以不清楚這機器實際是如何運作
的。據說因為分析器的失敗，巴貝吉失信於政府當局而未能得到開發所需的
資金贊助。

可惜啊，難得冒出這樣偉大的點子，而且又和今天的電腦接上線了。

　　巴貝吉的時代之後，有一陣子人們以打孔卡片和帶狀材料為材質，將程式「寫」上面，也就是叫機器去讀取「打孔紙帶」上的程式，同時也讓機器保持運作狀態。

　　不過一旦採用真空管來製造電動計算機，以打孔卡或是打孔紙帶來讀取程式的方法就變得不太管用了。

是有多不管用啊？

　　你記得使用繼電器的計算機，和真空管或半導體的差在哪裡嗎？

這個嘛……我記得真空管或半導體的計算機和繼電器的比起來，速度快很多。

　　是，這點很重要，採用繼電器製造計算機時，打孔卡的讀取與計算工作，這兩者在速度上幾乎沒什麼差別。不過自從採用真空管後，計算機只有在計算速度上獲得顯著的提升，這樣便造成卡片讀取速度與計算速度的「不同步」。

不同步？

　　來舉個例子：假設你在數學方面非常專精，什麼題目都能很快解出來。

如果你每五秒能解一個題目，但要是我慢吞吞告訴你題目是什麼，每小時只唸一個字，那你在題目完全聽懂之前就無法計算了，光等個完整題目就要花上好幾小時。

的確，真是如此，就算我題目做得再快也是毫無意義的。「請你計算1加1」，就因為這些字，聽完題目得花去好幾小時。

是不是啊？好不容易能夠算個飛快，這一來卻讓你發揮不出真本事了，真空管所製的計算機也是相同道理，即便再怎麼努力，打孔卡的讀取到達一定速度就再也上不去了，這樣就無法跟上電動計算機的計算速度。因此ENIAC採用的不是打孔紙帶，而是透過改變電路的配置來執行程式。

改變電路的配置？

沒錯，將電腦上的電線連接到不同的地方，這樣就能進行各種計算了。

那樣看起來仍舊很麻煩啊。

實際做起來真的很麻煩，每當要執行程序相異的計算工作，就得手動去變更電線所連接的位置。因此身為ENIAC的後續機種，EDVAC在設計上便採用一種具前瞻性的發想：過去的機器，計憶體的功用只是計算上的資料存放處，但EDVAC卻是將程式預先轉為電子訊號，再與資料一同存放於記憶體內。這樣一來，執行時的程式讀取速度和計算速度幾乎是一致的，最終就讓

電腦能夠施展它高速運算的硬體能力，這個構想稱為內置式程式（Stored-Program）

 原來如此，那樣做就不必費事來變更配線了，我認為這構想還不錯嘛，想到的是那個叫做諾伊曼的人嗎？

　　這個我也不太清楚，也沒人知道最先是誰想出來的。據說它曾經是個機密，沒想到有一天突然被諾伊曼以自己的名義給發表出來。他是ENIAC開發團隊成員之一，而研發核心人物的艾科特與摩克利則主張，這點子他們倆早就想到了，還是在諾伊曼加入之前就有了。

 感覺像一團迷霧各說各話啊……

　　也由於諾伊曼是一位在其他領域也頗具成就的天才型人物，把「內置式程式」的發想歸功於他，我也不覺得有什麼奇怪。但縱使當他真是內置式程式的發明人，就這點理由說他是電腦唯一發明人，那就有些怪怪的了。因為如同我們至目前為止所談到的，電腦從零到誕生，涵蓋範圍可是從古時候的數字發明再到今天，其實是需要累積許多人的頭腦，點子與技術才能達成。

 此處是重點

　　主記憶體內部存放的不只有計算用的資料，其中還包含了程式，這就是「內置式程式」的構想。

嬰兒時期的電腦

而在諾伊曼發表「內置式程式」構想後的三年，也就是1949年，世上完成了第一台具實用性的內置式程式電腦，這是由英國劍橋大學所研發的EDSAC。

 咦？EDSAC？不是你剛才說的那台EDVAC喔？名字又不一樣了。

諾伊曼、艾科特和摩克利這三人所處的EDVAC團隊因意見不和而拆夥了，這是件十分可惜的事。EDSAC是由英國劍橋大學的威克斯（Maurice Vincent Wilkes）團隊所開發，從機器上可以見到EDVAC的影子。不過英國曼徹斯特大學的內置式程式實驗機，卻是世上第一台能夠運作的機種，它出現在EDSAC完成前的1948年，機器被命名為Manchester Small-Scale Experimental Machine，還有人稱呼它為「Baby」，而具實用性的「Manchester Mark I」在Baby推出的一年後也被研發出來了。

 Baby？也就像是電腦的嬰兒囉？走到這裡總算把電腦給做出來了吧？

是的，你問哪一台才是「世上最早的電腦」這確實是個難題，不過人類千辛萬苦走到這一步，就「數位」、「電力驅動」及「內置式程式」這幾點來看，其完成度可說和今天的電腦平起平坐了。

是啊，從古代數字發明開始，一路走到這裡真是漫長啊！有各式各樣的人物參與其中，還需要數學、邏輯學和工程學等等的跨領域知識。

沒錯，這裡無法將所有對電腦開發有貢獻的人拿出來討論，不過他們致力於開發，不論有得到回報或沒有回報，世上有電腦的出現，都因為這些人的大量智慧與努力所累積出的結晶。有了這段長遠歷史為基礎，才建構出我們以電腦為中心的生活。雖然感覺不太到，不過要是你能親身體會這一切，我就覺得很高興了。1950年之後，和電腦相關的偉大發明也不勝枚舉，我這裡就沒辦法再教你了，希望你在這方面應該持續用功才是。

多虧有你，我對電腦也有一定的了解了，真是再感謝也感謝不完啊！

我敢這麼說，這次你們世界也會發明出電腦的！

我覺得這一次就能弄出來了，真要這樣，等待我們的必定是個美妙的生活啊！真是太期待了。那麼……這次真的要說再見了。

圖靈機（Turing Machine）

想問一下，之前我在「網咖」查詢有關電腦的發明時，找到一個單字叫做「圖靈機」，這也是一種舊式的電腦嗎？

問得好，圖靈機是1936年由數學家亞蘭圖靈（Alan Mathieson Turing）所發表的，但它是一種「抽象計算機」，實際上機器並未做出來。

抽象就是看不見也聽不見，也摸不著吧？那種機器有什麼用處嗎？我不覺得。

圖靈機是用來解釋什麼是所謂的「計算」，而不像今天的電腦及掌上計算機是用於「快速計算，方便計算」，這不是圖靈機的目的。

什麼是計算？答案不就是加減法之類的嗎？

加法或減法僅是一種表達計算行為的範例，不過在亞蘭圖靈的時代卻是個有些鑽牛角尖的問題：「所謂的計算是什麼？而它不是什麼？」對於這點，亞蘭圖靈構思出下圖這種機器，並給出了清楚的答案：「這種機器能做的事情就是計算，而它做不到的事情不是計算」。

無限長的資料帶

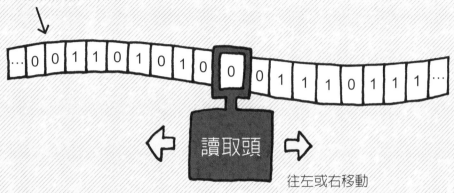

往左或右移動

透過「讀取頭」可以獲取兩項資訊，分別為「目前的狀態」以及「目前從資料帶上讀到的符號」。透過兩項資訊的組合，可以決定接下來的行為：一，將讀取到的符號轉換為其他什麼符號？二，資料帶要向左或右移動？三，保持原狀態或變更狀態？

呃⋯⋯對不起，有聽沒有懂！

是喔？那來親手做個簡單的圖靈機吧，讓它運作看看。

第 3 部　什麼是程式

161

噢？做得出來嗎？

 可以的，首先準備好鉛筆、橡皮擦、剪刀和訂書機，再把下一頁拿去影印。接著來製作讀取頭，剪下五個方形框，把狀態1到狀態5的框全部疊起來，記得狀態1要放在最上面，再用訂書機釘起來。方框中間「窗戶」的部分別忘了挖空，這就是所謂的「讀取頭」。

讀取頭製作方式

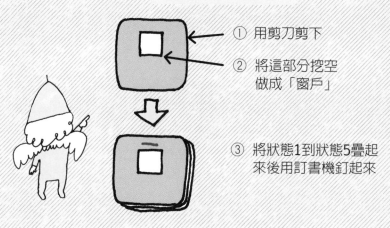

① 用剪刀剪下

② 將這部分挖空做成「窗戶」

③ 將狀態1到狀態5疊起來後用訂書機釘起來

 做好讀取頭後，接下來是圖靈機的「資料帶」。先在最中間的兩格寫下「11」，別忘了每一格只能寫一個數字。寫在資料帶上的數字等一下會用橡皮擦塗改，所以鉛筆會比原子筆來得方便。

							1	1							

影印用的讀取頭

狀態1
- 是0或1則讀取頭右移一格狀
  態不變.
- 是空白則讀取頭左移一格
  狀態設為2

狀態2
- 是0則設數值為1，讀取頭左
  移一格，狀態設為3
- 是1則設數值為0，讀取頭左
  移一格，狀態設為4

狀態3
- 是0或1則讀取頭左移一格
  狀態不變
- 是空白則讀取頭左移一格
  狀態設為5

狀態4
- 是1則設數值為0，讀取頭左
  移一格，狀態不變
- 是0則設數值為1，讀取頭左
  移一格，狀態設為3
- 空白則設數值為1，讀取頭
  左移一格，狀態設為5

狀態5
- 計算完成

影印用的圖靈機資料帶

再來把讀取頭放在資料帶上，窗戶孔對準「11」左側的1，翻到寫著「狀態1」那一頁。

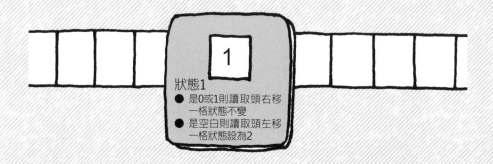

 這個嘛……上頭寫道「是0或1則讀取頭右移一格，狀態不變」，既然是1，那就向右邊移動一格，不用翻頁對吧？

 是的，接下來的一格做法也相同。再往下一格裡面什麼都沒寫，遇到「空白」了，你該怎麼辦呢？

 這……按「狀態1」上面所寫的，讀取頭向左移一格，狀態設為2。那我就翻頁到「狀態2」去了。再來我看看喔……窗戶看到的數字是1，而且下面還寫著「是1則設數值為0，讀取頭左移一格，狀態設為4」，那我就照著做囉？

 沒錯，向左移一格後翻到「狀態4」，再來呢？

現在看到的數字是1，「狀態4」寫了「是1則設數值為0，讀取頭左移一格，狀態不變」，所以就照著它做。而下一格是「空白」，所以資料帶這格我就寫上1，向左移動後翻到「狀態5」，啊……「計算完成」！

對，做到這邊就完成了。圖靈機是透過「目前的狀態」及「目前從資料帶上讀到的符號」兩項資訊之組合，來決定接下來要做什麼，像你剛才做的就是在處理這些事情，如何？多少有掌握到它的原理了吧？觀察一下資料帶格子裡的變化，一開始寫的是11，但現在卻變成100了。

11變成了100，什麼意思啊？

其實這圖靈機是計算「任一組二進制數字再加1」的機器，也就是說，剛才的動作是將「11」轉換為「100」，等同於十進制的3加1得出4，你可以試試別的數，觀察可否得出正確的結果。操作的時候也和前面相同，一格填一個數字，再將「狀態1」翻到最上頁，由最左邊的數字開始，這些可別忘掉了。而變更「狀態」上所寫的內容就能計算其他東西，該機器可以處理的事情就是計算，這是亞蘭圖靈所主張的。

嗯嗯，感覺多少懂了。不過我看這個和電腦沒有多大的關係吧？

並非如此，現在利用電腦能做到的事情，就和圖靈機可以做的是一樣的。換言之，圖靈機做不到的事情，今天的電腦也沒辦法做。

是喔？無法置信啊！

自此之後，亞蘭圖靈就在構思所謂的「萬用型圖靈機」，它的資料帶上不光是計算時會用到的數，其中還包含了機器的行為，也就是計算的順序，這些全都一併寫在資料帶上，這樣機器便會依照上頭的順序執行運算。前面提過這些東西了，還記得嗎？

「計算所用到的數」和「計算順序」都寫在上面……？啊，有點類似你講的電腦「主記憶體」對吧？我記得「指令」和「資料」兩個都在主記憶體裡頭，這個啓蒙還蠻重要的。

是啊，我說的就是「內置式程式」，就某種意義而言，電腦或許能說是圖靈機的具體產物吧。關於圖靈機，可參閱本書作者之《精靈寶盒 —— 圖靈機環遊大冒險》（東京大學出版協會），或是書本中有提及圖靈機方面之參考文獻。

自此之後

嗨嗨……你好啊！

──啊！你又來了喔？

是啊……

──我在想你們該不會……沒把電腦發明出來吧？

不不，電腦總算是出來了，都是托你的福啊！

──喔喔！真是太好了，恭喜啊！

現在我們世界是這個樣子，來看看吧。

──哇！這是什麼？我的房間變成另一個世界了！

這個叫「立體呈像」，是用我手中這台小機器投影出來的。

──蠻厲害的嘛！而且現在妖精世界居然是這個樣子？根本是電影裡的未來
世界吧？但仔細看看裡面全都是機器人，你的妖精同伴們上哪去了？

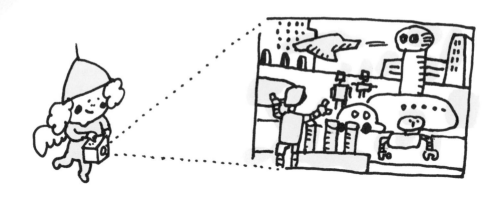

大家都待在家裡了，在外幹活的只有機器人，現在我們妖精什麼事都不做也無所謂了。

──不錯嘛！比起人類的世界，你們走得要比我們快很多呢！

是啊……

──但你怎麼看起來無精打采的？

那是因為……大家都開始說：「不必再用功讀書了吧！」這種話了。就連長老們都表示：「是啊，現在什麼事都是機器代勞，我們也用不著再學東西了，把學校也關了吧。學東西是件麻煩事，整天只會讀書的人更是令人討厭啊！」

——咦？不會吧？

太令人傷心了！你好不容易教了我那麼多，我還帶回到自己的世界，照這樣下去，懂得電腦怎麼做出來的，還有為什麼電腦會運作的妖精，以後都會消失了。

——要是如此的話，想必你一定很頭痛吧？

我也那麼認為，那該怎麼辦啊？

——我也不知道怎麼做，只能希望和你有相同想法的妖精出現了。

要是他來了，你能再教他人類世界的各種事物嗎？

——當然了，不過要這麼做，人類世界也必須要有相當程度的人，他們都想去了解電腦的結構與歷史，並且用心鑽研。我們總是依靠前人的研究，以及他們所積累下來的經驗，每當能夠做出什麼玩意兒的時候，總覺得那是「理所當然」，卻輕率忘掉是因為研究的累積，才造就今天這項成果。我們或許沒辦法解決它，不過以你們的情況，會認為「研究根本不重要」或是「沒必要再學習」等等，無論什麼理由，我覺得這是非常奇怪的想法。
而當你發現「理所當然」的事物都變得不再單純時，從中獲得的啟示可是夠讓人快樂充實地過上每一天，我相信你會感受到這點的。

對，我也是這麼想，這些事情我會儘可能傳達給其他妖精，只是現在沒有人會聽得進去吧……

──我想會有人接受你的講法的，要是有困難就再來我這裡談談吧。

真感謝你，那這次回去就不說再見了，以後也請多多關照。

──再會啊，我隨時等著你。

給想知道更多關於電腦方面的讀者們

　　本書主要分為三個基本重點對電腦進行解說：一，電腦處理的是以數字所表達的資訊。二，靠著操控電子進行運算的電子機器。三，透過程式來執行各種計算工作。但知道了這些，也只是站在前往電腦世界的「入口」而已。對於讀畢本書而想更上一層樓的讀者，在此推薦以下書籍，希望對各位有所助益：

山本貴光《電腦的秘密》朝日出版社，2010年

　　什麼是所謂的「了解電腦」？該書以這個基礎問題為出發點，採用課堂教學的編排，跟隨著初學電腦的學生所丟出之尖銳提問，以及老師詳盡的解說，讀者同時可得到更深一層的電腦知識。

Charles Petzold著，永山操譯《CODE：由程式碼窺探電腦結構》日經BP Soft Press，2003年

　　內含大量最為基本的元素，附上豐富插圖及精闢解說，照著書本內容和說明一步步走下去，你必能學到電腦的一切。這部知名作品帶給閱畢本書之各位另一項挑戰，期待各位來完成。

矢澤久雄《程式為何能夠運作？》第二版，日經BP社，2007年

矢澤久雄《電腦為何能夠運作？》日經BP社，2003年

　　這兩本是講述關於電腦的構造，以一般大眾為導向，長久以來一直受到讀者們的青睞。對象除了不諳電腦之人士以外，具有一定程度的讀者亦提供豐富的實用資訊。以本人觀點，可先由『程式為何能夠運作』閱至『電腦為何能夠運作』方有助於理解。

除此之外亦推薦以下書籍：

坂地村健著《痛快！電腦學》集英社，1999年

安野光雅著，野崎昭弘審校《石頭般的電腦》日本評論社，2004年

Daniel Hillis著，倉骨彰譯《會思考的機器——電腦》草思社文庫，2014年

電腦史方面除了本書頁面下方列舉之附註內容，也請參閱以下參考文獻：

參考文獻

[1] 内山昭《電腦歷史故事》岩波新書，1983 年。

[2] 坂村健《痛快！電腦學》集英社，1999 年。

[3] Joel N. Shurkin 著、名谷一郎譯《創造電腦的天才們》草思社，1989 年。

[4] 資訊處理學會「IPSJ 電腦博物館」之相關報導《邏輯分岐理論、繼電器電路網理論、邏輯數學理論》2003 年。（http://museum.ipsj.or.jp/computer/dawn/0002.html）

[5] John L. Hennessy、David A. Patterson 合著、成田光彰譯《電腦結構與設計 第五版》（上下冊）日經 BP 社，2014 年。

[6] 高橋正子《邏輯學歷史及電腦》研究論文《數學分析之計算機領域理論發展及其可能性》數學理論分析研究所研究集（1286:85-99），2002 年。

[7] Denis Guedj 著、藤原正彦審譯《數的歷史》（《知識的再發現》合籍 74）創元社，1998 年。

[8] 中島章、榛澤正男《繼電器内部個別子電路之等價交換理論一》電信電話學會雜誌、no.165 pp.1087-1093，電氣通信學會，1936 年。

[9] 春木良且《資訊是什麼？》岩波青年新書，2004 年。

[10] 深沢千尋《文字内碼超研究 第二版》Rutles，2011 年。

[11] 星野力《是誰創造電腦？電腦如何創造？》共立出版，1995 年。

[12] 丸岡章《電腦構造——掌握其組裝及操作方式》朝倉書店，2012 年。

[13] 宮井幸男、若林茂、尾崎進、三好誠司《了解數位電路構造之書》技術評論社，2000 年。

[14] 村瀬康治《初讀機械語言——與真實電腦相遇為目標》ASCII，1983 年。

[15] 矢澤久雄《程式為何能夠運作？》日經 BP 社、2001 年。

[16] 山田昭 《尋找分岐理論之原點——超越夏農的日本電腦先驅中嶋章》IEICE Fundamentals Review Vol.3, No.4，電子資訊通信學會，2010 年。

[17] 吉田洋一《零的發見——數學的進展》岩波新書，1986 年。

[18] Boole, George (1854) The Laws of Thought (republished by Cambridge University Press, 2009).

[19] Williams, Michael R. (1997) A History of Computing Technology (Second Edition), IEEE Computer Society Press, Los Alamos, California.

[20] Campbell-Kelly, M. and Asplay, W. (1996) Computer: A History of the Information Machine, BasicBooks.（日文版：山本菊男譯《電腦 200 年的歷史》海文堂，1999 年）

[21] Shannon, Claude (1940) "A Symbolic Analysis of Relay and Switching Circuits", Massachusetts Institute of Technology, Dept. of Electrical Engineering.

[22] Shurkin, Joel (1996) Engines of the Mind: the Evolution of the Computer from Maingrames to Microprocessors, W. W. Norton & Company.

後記

　　本書以筆者個人2009至2010年於津田塾大學之授課經驗為基礎所著。當時正值該校推廣文理雙科共融計劃之時期，身為計劃成員之一，所負責的是資訊科學的基礎授課，對象為全體學院之學生。由於其中主修資訊科學或數學之學生為數不多，因此針對「電腦知之甚少，抑或毫無興趣之人，如何使他們也能了解電腦」進行各方面的實驗教學及檢討。最終成案所導入的教學方式為：一，講述電腦誕生前的歷史經緯，而非立即切入所謂的「電腦機制」。二，將「電腦機制」的具體運作，盡可能於書本內容中呈現，即使不具備電腦前期知識的學生，憑一己之力亦可跟上每一章節的進度。雖不知此做法是否順利進行，不過授課的結束使得資料彙整得以完成，在此感謝當時專注受講的學子們，以及惠賜教學機會的「津田塾大學女性研究員協力中心」等諸多人士。

　　該教學資料曾於2010年之時點整理成冊，因出版事宜懸而未決而暫緩。當時任職於「東京書籍」之大原麻實與個人取得了聯繫，希望撰寫一本「能讓電腦初學者快樂閱讀」之作品，隨後個人提出之原稿方經審閱即獲出版邀約，對於原本延宕之拙作竟有機會重新推出，內心本有一絲抗拒，但受惠於大原所提供的各種「嶄新觀點」，從中醞釀出的各式構想，都在個人原稿校正工作中給出了不少樂趣。

本書採用的形式是「虛擬人物間的對話」，這與個人過去的作品相同。在人物設計方面，由於不想讓自己成為書中的人物，而改採與本人相異的兩位角色，也就是青年與妖精之組合做為本書導覽員。本為一單純之構想，在拜見過插畫師Nodayoshiko所描繪的兩位角色後，其造型之討喜可說不言而喻。多數親切又淺顯易懂的插圖，加上來自「Toshiki Fabre」的設計師 ── 澤田Kaori，其平易近人又不失專業的排版工夫，完全呈現出插圖的原始蘊味，在此亦衷心感謝兩位之用心。

此外亦深誠感謝「東京大學資訊基礎中心」的中山雅哉老師，耗費寶貴時間受託擔任本書之校閱工作。中山老師的審閱可謂鉅細靡遺，關於內容諸多問題所提出的質疑，一切都使本書得以盡善盡美。

近來在有關「人工智慧」的話題上，個人有機會表達看法的場合也增加了，數次經驗下來，個人亦開始體會到「了解電腦運作機制」之重要性。本為再正常不過之事，但若不曉電腦該機器為何物，勢必無法確實掌握人工智慧技術之動向。所幸坊間架上陳列多數優質之指導書籍，提供各位初學者及轉換跑道人士一條敞開著的大道。對於有心人而言，本書若能成為你們的一只墊腳石，本人將深感萬幸。

川添愛

國家圖書館出版品預行編目資料

電腦誕生的奇幻旅程：電腦如何用0和1說話／
川添愛著；威廣譯. -- 初版. -- 臺北市：
五南，2020.11
　　　面；　　公分.
　ISBN 978-986-522-269-7(平裝)
1.電腦
312　　　　　　　　　　　109013567

ZC24

電腦誕生的奇幻旅程
——電腦如何用0和1說話

作　　者 — 川添愛

譯　　者 — 威　廣

發 行 人 — 楊榮川

總 經 理 — 楊士清

總 編 輯 — 楊秀麗

主　　編 — 高至廷

責任編輯 — 曹筱彤

封面設計 — 姚孝慈

出 版 者 — 五南圖書出版股份有限公司

地　　址：106台北市大安區和平東路二段339號4樓

電　　話：(02)2705-5066　　傳　　真：(02)2706-6100

網　　址：http://www.wunan.com.tw

電子郵件：wunan@wunan.com.tw

劃撥帳號：01068953

戶　　名：五南圖書出版股份有限公司

法律顧問　林勝安律師事務所　林勝安律師

出版日期　2020年11月初版一刷

定　　價　新臺幣320元